首都示范性工匠学院培训教材

U0725890

电梯安装维修
常用施工技术与运维管理

北京市总工会职工大学（北京市工会干部学院）◎编著

陶建伟◎主编

電子工業出版社

Publishing House of Electronics Industry

北京·BEIJING

图书在版编目（CIP）数据

电梯安装维修常用施工技术与运维管理 / 北京市总工会职工大学编著；陶建伟主编．-- 北京：电子工业出版社，2025. 8. -- ISBN 978-7-121-51145-5

Ⅰ．TU857

中国国家版本馆 CIP 数据核字第 2025XN1419 号

责任编辑：杨雅琳　王欣怡
印　　刷：三河市鑫金马印装有限公司
装　　订：三河市鑫金马印装有限公司
出版发行：电子工业出版社
　　　　　北京市海淀区万寿路 173 信箱　邮编：100036
开　　本：720×1000　1/16　印张：12.75　字数：208.1 千字
版　　次：2025 年 8 月第 1 版
印　　次：2025 年 8 月第 1 次印刷
定　　价：78.00 元

凡所购买电子工业出版社图书有缺损问题，请向购买书店调换。若书店售缺，请与本社发行部联系，联系及邮购电话：（010）88254888，88258888。

质量投诉请发邮件至 zlts@phei.com.cn，盗版侵权举报请发邮件至 dbqq@phei.com.cn。

本书咨询联系方式：（010）88254210，influence@phei.com.cn，微信号：yingxianglibook。

本书编委会

编著单位：

北京市总工会职工大学（北京市工会干部学院）

参编单位：

北京北安时代创新设备安装工程有限公司

主　　编：

陶建伟

副 主 编：

王小轮、黄亚、薛海华、王锐

参编人员：

李　磊	高起鹏	侯令玮	姚　臣	胡　骏	王　超
韩尚奇	方晓林	王泽强	于　欣	苏中帅	黄小兵
张京齐	田密忠	张应杰	蔡吉泉	徐昊成	张子利
常艳艳	李新奇	严　超	寇　维	于国为	

1853 年，世界上诞生了第一台安全升降电梯，开启了世界电梯发展历史。随着城市化建设的高速发展，电梯作为现代建筑中的重要组成部分，作为一种特殊的垂直交通运输工具，已经融入了我们每一个人的日常生活。如今，电梯的种类、控制方式、智能化水平等都发生了巨大的变化，向着个性化、定制化方向发展。无机房电梯、全透明观光电梯、超高速电梯、智慧型电梯等多种形式，满足了不同建筑和使用功能的需求。以节能、无污染、低噪声、高可靠性、长寿命、低维保要求的电梯新产品不断涌现，其发展历程凝聚了人类智慧和先进技术的进步，电梯从"数量"到"质量"再到"数量"发生了巨大变化。

电梯作为机电类特种设备，其安全、便捷、高效的特点为人们出行提供了极大便利，同时其安全运行、舒适平稳、功能可靠等方面也成为百姓和社会关注的热点问题。

电梯从生产到使用有其特殊性，电梯设备由曳引系统、导向系统、轿厢系统、门系统、重量平衡系统、电力拖动系统、电气控制系统和安全保护系统组成，每个系统又由成百上千个零部件组成，其安装、修理与保养质量直接关系电梯的安全运行。确保电梯安全运行除了电梯设备产品质量过关，相关电梯从业人员技能技术水平、综合能力更是有效闭环的重要保障。截至目前，我国人均电梯维保量处于中下等水平，每年至少需要 2 万名人员补充到电梯专业队伍中。一方面电梯专业人员有缺口，另一方面呈现出电梯安装维修作业人员普遍年轻、从业时间短，整体队伍技术水平和综合素养不均衡的特点。

为认真贯彻习近平总书记关于工人阶级和工会工作的重要论述，进一步落实《中共中央 国务院关于深化产业工人队伍建设改革的意见》，服务"北京智造"和"北京服务"新质生产力发展要求，北京市总工会职工大学组织完成了首本专业培训教材《电梯安装维修常用施工技术与运维管理》的编制工作。本教材由全国劳动模范、首任职工匠师、首批首都职工教育培训示范点领衔人陶建伟主编完成。本教材致力于以符合生产性服务业发展、生活性服务业品质提升和京津冀协同发展为需求，以保障电梯全生命周期安全运行为编写原则，以紧密围绕电梯安装工、维修保养工、电梯安全管理员和使用单位相关人员实际应用需求为编写依据，以培育工匠精神为引领，激励更多劳动者特别是电梯青年人走技能成才、技能报国之路。本书由四章组成，第一章对电梯知识包含电梯发展历史和电梯专用名词进行了解读，第二章阐述了电梯法律法规和电梯制造、安装单位基本要求，第三章详细讲解了电梯施工技术（包含曳引驱动电梯施工技术与质量验收检查、液压电梯施工技术与质量验收检查、自动扶梯和自动人行道施工技术与质量验收检查），第四章介绍了电梯运维管理（包含电梯使用单位基本要求、电梯维保单位基本要求和电梯监督检验基本要求）。在编写过程中，编写团队秉持务求实效、通用性广、由浅到深、图文并茂的原则，形成人人主动学习、团队学习、全程学习和人人尽显其才、人人皆可成才、人人珍惜人才的浓厚氛围。

"住有所居，居有所安"是实现百姓幸福的一个重要基点，也是社会发展的前提条件。2025 年 3 月 13 日，住房和城乡建设部为进一步适应人民群众提升居住品质的需要，发布了国家标准《住宅项目规范》（GB 55038）。该规范以住宅项目整体为对象，以安全、舒适、绿色、智慧为目标，以遵循"经济合理、安全耐久，以人为本、健康舒适，因地制宜、绿色低碳，科技赋能、智慧便利"为原则，提出了两大亮点，即新建住宅建筑层高不低于 3 米，4 层及以上住宅设置电梯，明确了好房子的建设硬指标。据国家发改委估算，全国老旧小区加装电梯市场潜力高达 2.6 万亿元。全国电梯市场拥有巨大潜力和广阔前景，本教材的出版发行，能够为培养更多知识型、技能型、创新型高素质电梯专业技能人才提供保障，为实现电梯专业技能人才梯队的高质量建设发挥重要作用。

职工匠师："电梯医生"陶建伟

择一事，终一生。自 1994 年 6 月从技校毕业以来，陶建伟只做了一件事情，就是通过自己的专业技能来实现电梯上上下下的安全运行。他先后主持完成多项国家重大政治活动电梯保障任务，多次承担援非和协助政府主持电梯应急抢修工作，并参与完成 1000 多台电梯安装与前期论证工作，实现电梯一次交验合格率 100%，创造产值上亿元，其中参与完成的北京市最大保障房项目双合家园电梯工程获全国安装行业最高奖"中国安装之星"。2020 年大年初二，陶建伟带领团队参与的北京市小汤山医院电梯安装工程，实现电梯提前 6 天闪速投入使用，创造了北京市小汤山医院改造工程中电梯安装的速度奇迹。

"创新是引领发展的第一动力！"陶建伟带领工作室团队始终围绕企业生产经营、电梯行业发展这两条主线，以解决百姓安全乘梯难点、痛点为开展职工创新活动的方向；在创新发展的道路上，形成了非电梯制造企业的特点与特色，实现了从单一的技改技革到创新创造质的转变，实现了在传承中求发展，在发展中求创新的国企创新发展道路。多年来，陶建伟工作室团队先后取得科研成果 50 多项，其研制开发的电梯远程智能监测系统就像飞机上的黑匣子一样，填补了国内技术空白，并形成了系列化产品，通过科研成果转化和品牌建设，实现累计新签合同额上千万元，形成以创新驱动为杠杆撬动企业经营发展的"金山"。

2020 年，陶建伟依托工作室平台，正式获批开展首都职工教育培训示范点"电梯安装与维修和电梯安全运行保障"特色培训项目。2021 年，陶建伟正式被北京市总工会干部学院聘任为首批北京市总工会职工匠师。陶建伟在技能人才培养的道路上，时刻秉承"建楼育人""安装育人"的企业宗旨，始终秉持传承优秀技能、传播工匠精神"双传"并举发展模式，坚持以按需施教、务求实效为原则，精心设计培训课程，在定制"套餐"的基础上，又提供了"点餐"服务，让课程在通俗易懂的基础上，强化了知识重点，充分将技能培训教学工作落地实施。多年来，陶建伟实现累计授课 600 多学时，培训人员达到上万人次，并先后出版专业书籍 5 部、发表技术论文 6 篇，实现人才梯队建设"摇篮"作用、"孵化器"作用和导师带徒"传、帮、带"作用，在教学过程中形成了人人主动学习、团队学习、全程学习和人人尽显其才、人人皆可成才、人人珍惜人才的浓厚氛围，实现了由"亮一点"向"亮一片"的发展目标。

"只争朝夕，不负韶华"，陶建伟在电梯这个小小的"方寸空间"里用匠心守护初心，从一名技校毕业生成长为全国劳动模范，从一名学徒工成长为全国技术能手，练就了"望、闻、问、切"绝活绝技，成为一名为百姓服务的电梯医生。

目录
CONTENTS

第一章

电梯知识

电梯，作为一种特殊的垂直交通运输工具，已经成为人们日常生活出行中重要的组成部分。从古代的人力卷扬机到手拉门货梯，再到如今的高速智能电梯，其发展历程凝聚了人类智慧和不断进步的先进技术。

第一节　电梯发展历史

1　世界电梯历史与中国

世界上第一台被普遍认可的安全升降机诞生于 1853 年。在纽约水晶宫，一位先生站在高高吊起的升降机上，命令助手将悬吊升降机的缆绳砍断（见图 1-1），然而升降机在下降后马上停了下来，"请大家注意，一切安全！"站在升降机上的这位先生就是伊莱莎·格雷夫斯·奥的斯，正是奥的斯先生发明的安全钳开启了安全电梯的历史。

图 1-1　砍断缆绳

1900 年，奥的斯电梯公司通过代理商在中国上海汇中饭店（现称和平饭店）安装了中国首部垂直电梯。从此，世界电梯历史上展开了中国的一页。

1935 年，中国上海大新百货公司安装了两台奥的斯品牌轮带式单人电动扶梯。

1951 年，经过 4 个多月的试制，在北京天安门安装了第一台由我国工程技术人员自行设计制造的电梯，该电梯载重量为 1000kg，速度为 0.7m/s，交流单速手动控制。

新中国成立后 30 年间，全国电梯安装使用约 1 万台，这些电梯主要为速度不超过 1m/s 的直流电梯和交流双速电梯，国内电梯生产企业仅为 10 余家。

随着工业化和城市化的加速、科技的不断发展，电梯也在进步与发展。电梯的种类、控制方式、智能化水平等都发生了巨大的变化，并向着个性化和定制化方向发展。无机房电梯、全透明玻璃观光电梯、超高速电梯等多种形式，满足了不同建筑和使用环境的需求。以节能、无污染、低噪声、高可靠性、长寿命、低维保为特征的电梯新产品不断涌现，电梯的发展见证并推动了人类社会的进步。截至 2024 年底，全国特种设备总量达 2294.18 万台，其中电梯保有量达到 1153.24 万台，占比为 50.2%，中国成为世界上规模最大的电梯制造、使用的国家。

2 电梯系统的组成

电梯系统主要由八大系统组成（见图 1-2）。一是曳引系统，由曳引机、曳引绳、导向轮和反绳轮等组成，通过曳引绳与曳引轮（曳引机部件）的摩擦力来实现电梯的垂直运动。二是导向系统，由导轨、导靴和导轨架组成，其功能是限制轿厢和对重活动的自由度，确保它们沿着导轨做升降运动。三是轿厢系统，包括轿厢架和轿厢体，是运送乘客及货物的部件。四是门系统，由轿厢门、层门、门电机、联动机构、门锁等组成，负责控制电梯层门和轿门的开启与关闭。五是重量平衡系统，由对重和重量补偿装置构成，通过配重和平衡装置，确保电梯在运行过程中的重量平衡。六是电力拖动系统，由曳引电动机、电机调速装置、供电系统等组成，其功能是提供电梯运行所需的电力及对电梯进行速度控制。七是电气控制系统，由控制柜、位置显示装置、操纵装置、平层装置等组成，其功能是负责电梯的逻辑控制和信号处理，确保电梯安全运行。八是安全保护系统，由多种安全装置组成，如限速器、安全钳和缓冲器等，其功能是防止发生电梯事故。

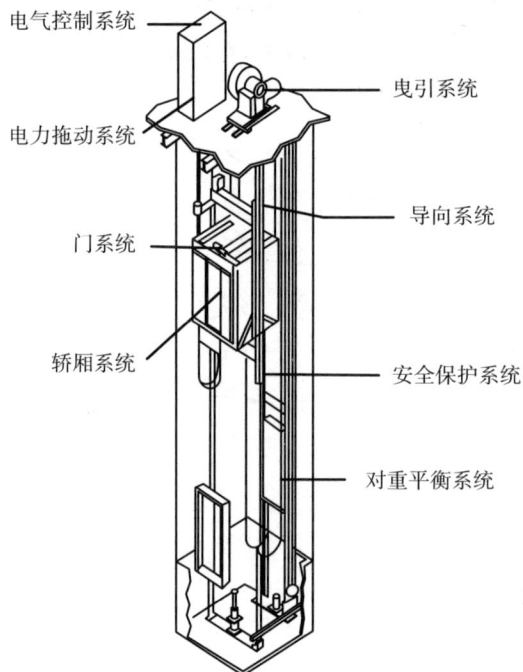

图 1-2　电梯系统的组成

第二节　电梯专用名词解读

1　电梯类型术语

电梯：服务于建筑物内若干特定的楼层，其轿厢运行在至少两列垂直于水平面或与铅垂线倾斜角小于 15° 的刚性导轨运动的永久运输设备。

乘客电梯：为运送乘客而设计的电梯。

载货电梯：主要用途为运送货物的电梯，同时允许有人员伴随。

客货电梯：以运送乘客为主，可同时兼顾运送非集中载荷货物的电梯。

医用电梯：运送病床（包括病人）及相关医疗设备的电梯。

住宅电梯：服务于住宅楼供公众使用的电梯。

杂物电梯：服务于规定层站的固定式提升装置，具有一个轿厢，由于结构型式和尺寸的关系，轿厢内不允许人员进入。

消防员电梯：首先预定为乘客使用而安装的电梯，其附加的保护、控制和信号功能使其能在消防服务的直接控制下使用。

观光电梯：井道和轿厢壁至少有同一侧透明，乘客可观看轿厢外景物的电梯。

非商用汽车电梯：其轿厢适用于运载小型乘客汽车的电梯。

家用电梯：安装在私人住宅中，仅供单一家庭成员使用的电梯。它也可安装在非单一家庭使用的建筑物内，作为单一家庭进入其住所的工具。

无机房电梯：不需要建筑物提供封闭的专门机房用于安装电梯驱动主机、控制柜、限速器等设备的电梯。

曳引驱动电梯：依靠摩擦力驱动的电梯。

强制驱动电梯：用链或钢丝绳悬吊的非摩擦方式驱动的电梯。

液压电梯：依靠液压驱动的电梯。

2　电梯一般术语

额定乘客人数：电梯设计限定的最多允许乘客数量（包括司机在内）。

额定载重量：电梯设计规定的轿厢载重量。

额定速度：电梯设计规定的轿厢运行速度。

检修速度：电梯检修运行时的速度。

提升高度：从底层端站地坎上表面至顶层端站地坎上表面的垂直距离。

机房：安装一台或多台电梯驱动主机及其附属设备的专用房间。

机房高度：机房内地板装饰面与天花板之间的最小垂直距离。

层站：各楼层用于出入轿厢的地点。

层站入口：井道壁上的开口部分，它构成从层站到轿厢之间的通道。

基站：轿厢无投入运行指令时停靠的层站，一般位于乘客进出最多并且方便撤离的建筑物大厅或底层端站。

底层端站：最低的轿厢停靠层站。

顶层端站：最高的轿厢停靠层站。

层间距离：两个相邻停靠层站层门地坎之间的垂直距离。

井道：保证轿厢、对重和（或）液压油缸柱塞安全运行所需的建筑空间。[①]

单梯井道：只供一台电梯运行的井道。

多梯井道：可供两台或两台以上电梯平行运行的井道。

井道壁：用来隔开井道和其他场所的结构。

井道宽度：平行于轿厢宽度方向测量的两井道内壁之间的水平距离。

井道深度：垂直于井道宽度方向测量的井道壁内表面之间的水平距离。

底坑：底层端站地面以下的井道部分。

底坑深度：底层端站地坎上平面到井道底面之间的垂直距离。

顶层高度：顶层端站地坎上平面到井道天花板（不包括任何超过轿厢轮廓线的滑轮）之间的垂直距离。

平层：在平层区域内，使轿厢地坎平面与层门地坎平面达到同一平面的运动。

平层区：轿厢停靠层站上方和（或）下方的一段有限区域。在此区域内可以用平层装置来使轿厢运行达到平层要求。

平层准确度：轿厢依控制系统指令到达目的层站停靠后，门完全打开，在没有负载变化的情况下，轿厢地坎上平面与层门地坎上平面之间铅垂方向的最大差值。

再平层：当电梯停靠开门期间，由于负载变化，检测到轿厢地坎与层门地坎平层差距过大时，电梯自动运行使轿厢地坎与层门地坎再次平层的功能。

轿厢出入口：轿厢壁上的开口部分，它构成从轿厢到层站之间的正常通道。

---

① 井道空间通常以底坑底、井道壁和井道顶为边界。

轿厢出入口宽度：层门和轿门完全打开时测量的出入口净宽度。

轿厢出入口高度：层门和轿门完全打开时测量的出入口净高度。

轿厢宽度：平行于设计规定的轿厢主出入口，在离地面以上 1m 处测量的轿厢两内壁之间的水平距离，装饰、保护板或扶手，都应当包含在该距离之内。

轿厢深度：垂直于设计规定的轿厢主出入口，在离地面以上 1m 处测量的轿厢两内壁之间的水平距离，装饰、保护板或扶手，都应当包含在该距离之内。

轿厢高度：在轿厢内测得的轿厢地板到轿厢结构的顶部之间的垂直距离，照明灯罩和可拆卸的吊顶应包括在上述距离之内。

液压缓冲器工作行程：液压缓冲器柱塞端面受压后所移动的最大允许垂直距离。

弹簧缓冲器工作行程：弹簧受压后变形的最大允许垂直距离。

对重装置顶部间隙：轿厢使缓冲器完全压缩时，对重装置最高的部分至井道顶部最低部分的垂直距离。

电梯曳引型式：由曳引机驱动的电梯，曳引机在井道上方（或上部）的为上置曳引型式；曳引机在井道侧面的为侧置曳引型式；曳引机在井道下方（或下部）的为下置曳引型式。

消防员服务：操纵消防开关使电梯投入消防员专用状态的功能。在该状态下，电梯将直驶回到设定楼层后停梯，其后只允许经授权人员操作电梯。

独立操作：通过专用开关转换状态，电梯将只接受轿内指令，不响应层站召唤（外呼）的服务功能。

紧急电源操作：当电梯正常电源断电时，电梯电源自动转接到用户的应急电源，群组轿厢按流程运行到设定层站，开门放出乘客后，按设计停运或保留部分运行。

防捣乱功能：当检测到轿内选层指令明显异常时，取消已登记的轿内运行指令的功能。

地震管制：在地震发生时，对电梯的运行做出管制，以保障电梯乘客安全的功能。

超载保护：在电梯超载时，轿厢内发出音频或视频信号，并保持开门状态，不允许起动。

满载直驶：当轿厢载荷超过设定值时，电梯不响应沿途的层站召唤，按登记的轿内指令行驶。

误指令消除：可以取消轿内误登记指令的功能。

驻停：当启动此功能开关后，电梯不再响应任何层站召唤，在响应完轿内指令后，自动返回指定楼层停梯。

语音报站：语音通报轿厢运行状况和楼层信息的功能。

关门保护：在关门过程中，通过安装在轿厢门口的光电信号或机械保护装置探测到有人或物体在此区域时，立即重新开门。

提前开门：为提高运行效率，在电梯进入开锁区域时，在平层过程中即进行开门动作的功能。

检修：在电梯检修状态下，手动操作检修控制装置使电梯轿厢以检修速度运行的操作。

3　电梯部件术语

缓冲器：一种位于行程端部，用来吸收轿厢或对重动能的缓冲安全装置。

液压缓冲器：一种以液体作为介质吸收轿厢或对重动能的耗能型缓冲器。

弹簧缓冲器：一种以弹簧变形来吸收轿厢或对重动能的蓄能型缓冲器。

轿厢：电梯中用以运载乘客或其他载荷的箱形装置。

轿底：在轿厢底部，支承载荷的组件。它包括地板、框架等构件。

轿厢壁：与轿厢底、轿厢顶和轿厢门围成一个封闭空间的板形构件。

轿顶：在轿厢的上部，具有一定强度要求的顶盖。

轿厢扶手：固定在轿厢内的扶手。

轿顶防护栏杆：设置在轿顶上方，对维修人员起保护作用的构件。

轿厢架：固定和支撑轿厢的框架。

门机：使轿门和（或）层门开启或关闭的装置。

检修门：开设在井道壁上，通向底坑或滑轮间，供检修人员使用的门。

层门：设置在层站入口的门。

防火层门：能防止或延缓炽热气体或火焰通过的一种层门。

轿厢门：设置在轿厢入口的门。

安全触板：在轿门关闭过程中，当有乘客或障碍物触及轿门时，使轿门重新打开的机械式门保护装置。

光幕：在轿门关闭过程中，当有乘客或物体通过轿门时，在轿门高度方向上的特定范围内可自动探测并发出信号使轿门重新打开的门保护装置。

中分门：门扇由门口中间分别向左、右开启的层门或轿门。

旁开门：门扇向同一侧开启的层门或轿门。

左开门：站在层站面对轿厢，门扇向左侧开启的层门或轿门。

右开门：站在层站面对轿厢，门扇向右侧开启的层门或轿门。

中分多折门：门扇由门口中间分别向左、右两侧开启，每侧有数量相同的多个门扇的层门或轿门，门扇打开后呈折叠状态，如中分四扇、中分六扇等。

旁开多折门：有多个门扇，各门扇向同侧开启的层门或轿门。

垂直滑动门：沿门两侧垂直门导轨滑动向上或下开启的层门或轿门。

垂直中分门：门扇由门口中间分别向上、下开启的层门或轿门。

曳引绳补偿装置：用来补偿电梯运行时因曳引绳造成的轿厢和对重两侧重量不平衡的部件。

补偿链装置：用金属链构成的曳引绳补偿装置。

补偿绳装置：用钢丝绳和张紧轮构成的曳引绳补偿装置。

补偿绳防跳装置：当补偿绳张紧装置由于惯性作用超出限定位置时，能使曳引机停止运转的安全装置。

地坎：轿厢或层门入口处的带槽踏板。

轿顶照明装置：设置在轿顶上方，供检修人员检修时照明的装置。

底坑检修照明装置：设置在井道底坑，供检修人员检修时照明的装置。

轿厢位置显示装置：设置在轿厢内，显示其运行位置和（或）方向的装置。

层门门套：装饰层门门框的构件。

层门位置显示装置：设置在层门上方或一侧，显示轿厢运行位置和方向的装置。

层门方向显示装置：设置在层门上方或一侧，显示轿厢运行方向的装置。

控制柜：把各种电子器件和电气元件安装在一个有防护作用的柜形结构内的电控设备。

操纵盘：用开关、按钮操纵轿厢运行的电气装置。

报警按钮：设置在操纵盘上用于报警的按钮。

急停按钮：能断开控制电路使轿厢停止运行的按钮。

曳引机：包括电动机、制动器和曳引轮在内的靠曳引绳和曳引轮槽摩擦力驱动或停止电梯的装置。

有齿轮曳引机：电动机通过减速齿轮箱驱动曳引轮的曳引机。

无齿轮曳引机：电动机直接驱动曳引轮的曳引机。

曳引轮：曳引机上的驱动轮。

曳引绳：连接轿厢和对重装置，并靠与曳引轮槽的摩擦力驱动轿厢升降的专用钢丝绳。

端站停止开关：当轿厢超越了端站后，强迫其停止的保护开关。

平层装置：在平层区域内，使轿厢达到平层准确度要求的装置。

极限开关：当轿厢运行超越端站停止开关后，在轿厢或对重装置接触缓冲器之前，强迫电梯停止的安全装置。

超载装置：当轿厢超过额定载重量时，能发出警告信号并使轿厢不能运行的安全装置。

称量装置：能检测轿厢内载荷值，并发出信号的装置。

随行电缆：连接于运行的轿厢底部与井道固定点之间的电缆。

呼梯盒：设置在层站门一侧，召唤轿厢停靠在呼梯层站的装置。

导向轮：为增大轿厢与对重之间的距离，使曳引绳经曳引轮再导向对重装置或轿厢一侧而设置的绳轮。

反绳轮：设置在轿厢架和对重框架上部的动滑轮。根据需要曳引绳绕过反绳轮可以构成不同的曳引比。

导轨：供轿厢和对重运行的导向部件。

导轨连接板：紧固在相邻两根导轨的端部底面，起连接导轨作用的金属板。

空心导轨：由钢板经冷轧折弯成空腹 T 形的导轨。

导轨支架：固定在井道壁或横梁上，支撑和固定导轨用的构件。

复绕轮：为增大曳引绳对曳引轮的包角，将曳引绳绕出曳引轮后经绳轮再次绕入曳引轮，这种兼有导向作用的绳轮为复绕轮。

导轨润滑装置：设置在轿厢架和对重框架上端两侧，保持导轨与滑动导靴之间有良好润滑的自动注油装置。

承重梁：敷设在机房楼板上面或下面、井道顶部，承受曳引机自重及其负载和绳头组合负载的钢梁。

底坑隔障：设置在底坑，位于轿厢和对重装置之间，对维修人员起防护作用的安全装置。

盘车手轮：靠人力使曳引轮转动的专用手轮。

制动器扳手：松开曳引机制动器的手动工具。

限速器：当电梯的运行速度超过额定速度一定值时，其动作能切断安全回路或进一步导致安全钳或上行超速保护装置起作用，使电梯减速直到停止的自动安全装置。

限速器张紧轮：张紧限速器钢丝绳的绳轮装置。

安全钳：在限速器动作时，使轿厢或对重停止运行保持静止状态，并能夹紧在导轨上的一种机械安全装置。

瞬时式安全钳：能瞬时使夹紧力达到最大值，并能完全夹紧在导轨上的安全钳。

渐进式安全钳：采取弹性元件，使夹紧力逐渐达到最大值，最终能完全夹紧在导轨上的安全钳。

钥匙开关：一种供专职人员使用钥匙才能使电梯投入运行或停止的电气装置。

门锁装置：轿门与层门关闭后锁紧，同时接通控制回路，轿厢方可运行的机电联锁安全装置。

滑动导靴：设置在轿厢架和对重装置上，其靴衬在导轨上滑动，使轿厢和对重装置沿导轨运行的导向装置。

滚轮导靴：设置在轿厢架和对重装置上，其滚轮在导轨上滚动，使轿厢和对重装置沿导轨运行的导向装置。

对重装置：由曳引绳经曳引轮与轿厢相连接，在曳引驱动电梯运行过程中保持曳引能力的装置。

消防开关：在发生火警时，可供消防人员将电梯转入消防状态使用的电气装置，一般设置在基站。

护脚板：从层站地坎或轿厢地坎向下延伸，并具有平滑垂直部分的安全挡板。

轿厢安全窗：在轿厢顶部向外开启的封闭窗，供安装、检修人员使用或在发生事故时援救和撤离乘客的轿厢应急出口。窗上装有当窗扇打开或没有锁紧时即可断开安全回路的开关。

挡绳装置：防止曳引绳或补偿绳越出绳轮槽的防护部件。

轿厢安全门：当同一井道内有多台电梯时，在两部电梯相邻轿厢壁上向轿厢内开启的门，供乘客和司机在特殊情况下离开轿厢，而改乘相邻轿厢的安全出口。门上装有当门扇打开或没有锁紧时即可断开安全回路的开关装置。

紧急开锁装置：为应急需要，在层门外借助三角钥匙孔可将层门打开的装置。

紧急电源装置：当电梯供电电源出现故障而断电时，供轿厢运行到邻近层站或指定层站停靠的电源装置。

轿厢上行超速保护装置：当轿厢上行速度大于额定速度的 115% 时，作用在如下部件之一，至少能使轿厢减速慢行的装置。① 轿厢；② 对重；③ 钢丝绳系统；④ 曳引轮或曳引轮轴上。

扁平复合曳引钢带：由多股钢丝被聚氨酯等弹性体包裹形成的扁平状、曳引轿厢用的带子。

永磁同步曳引机：采用永磁同步电动机的曳引机。

轿门锁：当轿厢在开锁区外时，防止从轿内打开轿门的装置。

能量回馈装置：可将电梯机械能转换成有用电能的装置。

到站钟：当轿厢将到达选定楼层时，提醒乘客电梯到站的音响装置。

残疾人操纵盘：特殊设计的轿厢操纵盘，以方便残疾人，尤其是轮椅使用人员操作电梯。

副操纵盘：在电梯的轿厢中，轿门两侧设置有两个操纵盘，或在轿厢侧壁增加设置一个操纵盘，以便于乘客操作电梯运行。

对讲系统：内部通话装置，用于轿厢内和机房、电梯管理中心等之间的相互通话。在电梯发生故障时，它帮助轿内乘客向外报警，同时便于电梯管理人员及时安抚乘客、减小乘客的恐惧感；在电梯调试或维修时，方便不同位置有关人员之间相互沟通。

4 电梯控制方式术语

轿内开关控制：电梯司机转动手柄位置（开断／闭合）来操纵电梯运行或停止。

按钮控制：电梯运行由轿内操纵盘上的选层按钮或层站呼梯按钮来操纵。某层站乘客将呼梯按钮揿下，电梯就起动运行去应答。在电梯运行过程中如果有其他层站呼梯按钮被揿下，控制系统只能把信号记存下来，不能去应答，而且也不能把电梯截住，直到电梯完成前应答运行层站之后方可应答其他层站呼梯信号。

信号控制：把各层站呼梯信号集合起来，将与电梯运行方向一致的呼梯信号按先后顺序排列好，电梯依次应答接运乘客。电梯是否运行取决于电梯司机操纵，而电梯在何层站停靠由轿厢操纵盘上的选层按钮信号和层站呼梯按钮信号控制。电梯往复运行一周可以应答所有呼梯信号。

集选控制：在信号控制的基础上，把召唤信号集合起来进行有选择的应答。电梯可有（无）司机操纵。在电梯运行过程中可以应答同一方向所有层站呼梯信号和操纵盘上的选层按钮信号，并自动在这些信号指定的层站平层停靠。电梯运行响应完所有呼梯信号和指令信号后，可以返回基站待命，也可以停在最后一次运行的目标层待命。

下集选控制：下集选控制时，除了最低层和基站，电梯仅将其他层站的下方向呼梯信号集合起来应答。如果乘客欲从较低的层站到较高的层站去，须乘电梯到底层或基站后再乘电梯到要去的高层站。

并联控制：并联控制时，两台电梯共同处理层站呼梯信号。并联的各台电梯相互通信、相互协调，根据各自所处的层楼位置和其他相关的信息，确定一台最适合的电梯去应答每一个层站的呼梯信号，从而提高电梯的运行效率。

群控：群控是指将两台以上电梯组成一组，由一个专门的群控系统负责处理群内电梯的所有层站呼梯信号。群控系统既可以是独立的，也可以是隐含在每一个电梯控制系统中的。群控系统和每一个电梯控制系统之间都有通信联系。群控系统根据群内每台电梯的楼层位置、已登记的指令信号、运行方向、电梯状态、轿内载荷等信息，实时将每一个层站呼梯信号分配给最适合的电梯去应答，从而最大程度地提高群内电梯的运行效率。在群控系统中，通常还可选配上班高峰服务、下班高峰服务、分散待梯等多种满足特殊场合使用要求的操作功能。

远程监视：远程监视装置通过有线或无线电话线路、Internet 网络线路等介质，和现场的电梯控制系统通信，监视人员在远程监视装置上能清楚了解电梯的各种信息。

5 自动扶梯和自动人行道术语

自动扶梯：带有循环运行梯级，用于向上或向下倾斜输送乘客的固定电力驱动设备。

自动人行道：带有循环运行（板式或带式）走道，用于水平或倾斜角不大于 12° 的输送乘客的固定电力驱动设备。

倾斜角：梯级、踏板或胶带运行方向与水平面构成的最大角度。

提升高度：自动扶梯或自动人行道进出口两楼层板之间的垂直距离。

额定速度：自动扶梯或自动人行道设计所规定的速度。

理论输送能力：自动扶梯或自动人行道在每小时内理论上能够输送的人数。

名义宽度：对于自动扶梯与自动人行道设定的一个理论上的宽度值，一般指自动扶梯梯级或自动人行道踏板安装后横向测量的踏面长度。

变速运行：自动扶梯或自动人行道在无乘客时以预设的低速度运行，在有乘客时自动加速到额定速度运行的运行方式。

自动启动：自动扶梯或自动人行道在无乘客时停止运行，在有乘客时自动启动运行的运行方式。

扶手装置：在自动扶梯或自动人行道两侧，对乘客起安全防护作用，也便于乘客站立扶握的部件。

扶手带：位于扶手装置的顶面，与梯级、踏板或胶带同步运行，供乘客扶握的带状部件。

扶手带入口保护装置：在扶手带入口处，当有手指或其他异物被夹入时，能使自动扶梯或自动人行道停止运行的电气装置。

护壁板：在扶手带下方，装在内侧盖板与外侧盖板之间的装饰护板。

围裙板：与梯级、踏板或胶带两侧相邻的金属围板。

内侧盖板：在护壁板内侧、连接围裙板和护壁板的金属板。

外侧盖板：在护壁板外侧、外装饰板上方，连接装饰板和护壁板的金属板。

外装饰板：从外侧盖板起，将自动扶梯或自动人行道桁架封闭起来的装饰板。

桁架：架设在建筑结构上，供支撑梯级、踏板、胶带及运行机构等部件的金属结构件。

中间支撑：在自动扶梯两端支撑之间，设置在桁架底部的支撑物。

梯级：在自动扶梯桁架上循环运行，供乘客站立的部件。

梯级踏板：带有与运行方向相同齿槽的梯级水平部分。

梯级踢板：带有齿槽的梯级上竖立的弧形部分。

梯级导轨：供梯级滚轮运行的导轨。

梯级水平移动距离：为使梯级在出入口处有一个导向过渡段，从梳齿板出来的梯级前缘和进入梳齿板梯级后缘的一段水平距离。

踏板：循环运行在自动人行道桁架上，供乘客站立的板状部件。

胶带：循环运行在自动人行道桁架上，供乘客站立的胶带状部件。

梳齿板：位于运行的梯级或踏板出入口，为方便乘客上下过渡，与梯级或踏板相啮合的部件。

楼层板：设置在自动扶梯或自动人行道出入口，与梳齿板连接的金属板。

驱动主机：驱动自动扶梯或自动人行道运行的装置。

梳齿板安全装置：当梯级、踏板或胶带与梳齿板啮合处卡入异物时，能使自动扶梯或自动人行道停止运行的电气装置。

驱动链保护装置：当梯级驱动链或踏板驱动链断裂或过分松弛时，能使自动扶梯或自动人行道停止的电气装置。

附加制动器：当自动扶梯提升高度超过一定值时，或在公共交通用自动扶梯和自动人行道上，增设的一种制动器。

主驱动链保护装置：当主驱动链断裂时，能使自动扶梯或自动人行道停止运行的电气装置。

超速保护装置：当自动扶梯或自动人行道运行速度超过限定值时，能使自动扶梯或自动人行道停止运行的装置。

非操纵逆转保护装置：自动扶梯或自动人行道在运行中非人为地改变其运行方向时，能使其停止运行的装置。

手动盘车装置：靠人力使驱动装置转动的专用手轮。

围裙板安全装置：当梯级、踏板或胶带与围裙板之间有异物夹住时，能使自动扶梯或自动人行道停止运行的电气装置。

扶手带断带保护装置：当扶手带断裂时，能使自动扶梯或自动人行道停止运行的电气装置。

梯级、踏板塌陷保护装置：当梯级或踏板任何部位断裂下陷时，使自动扶梯或自动人行道停止运行的电气装置。

第二章

电梯法律法规和电梯制造、安装单位基本要求

特种设备法规标准体系目前由法律、行政法规、部门规章、安全技术规范、相关标准五个层级构成。根据《中华人民共和国立法法》的规定，宪法具有最高的法律效力，一切法律、行政法规、地方性法规、自治条例和单行条例、规章都不得同宪法相抵触。

电梯法律法规涵盖了电梯生产、经营、使用、检验、检测及监督管理等方面，目的是保障乘客的人身安全和财产安全，提升电梯使用安全水平，减少电梯事故，促进电梯技术发展。在实际操作中，我们需要严格遵守电梯法律法规相关要求，确保电梯安全运行。

第一节　电梯法规基本知识

《中华人民共和国特种设备安全法》于 2013 年 6 月 29 日，由中华人民共和国第十二届全国人民代表大会常务委员会第三次会议通过，自 2014 年 1 月 1 日起实施，是我国特种设备管理的第一部法律（见图 2-1）。

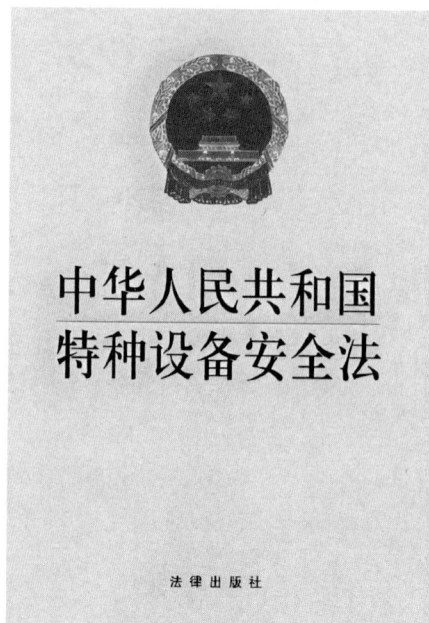

图 2-1　《中华人民共和国特种设备安全法》

《中华人民共和国特种设备安全法》第一章为"总则";第二章为"生产、经营、使用";第三章为"检验、检测";第四章为"监督管理";第五章为"事故应急救援与调查处理";第六章为"法律责任";第七章为"附则"。

该法律的制定目的为加强特种设备安全工作,预防特种设备事故,保障人身和财产安全,促进经济社会发展。

该法律适用对象为特种设备的生产(包括设计、制造、安装、改造、修理)、经营、使用、检验、检测和特种设备安全的监督管理。

该法律第三条规定,特种设备安全工作应当坚持安全第一、预防为主、节能环保、综合治理的原则;第七条规定,特种设备生产、经营、使用单位应当遵守本法和其他有关法律法规,建立、健全特种设备安全和节能责任制度,加强特种设备安全和节能管理,确保特种设备生产、经营、使用安全,符合节能要求;第八条规定,特种设备生产、经营、使用、检验、检测应当遵守有关特种设备安全技术规范及相关标准;第十三条规定,特种设备生产、经营、使用单位及其主要负责人对其生产、经营、使用的特种设备安全负责。

2003年3月11日,中华人民共和国国务院令第373号公布《特种设备安全监察条例》;2009年1月24日,中华人民共和国国务院令第549号《国务院关于修改〈特种设备安全监察条例〉的决定》是国务院关于修改《特种设备安全监察条例》所做的决定。2023年5月,为进一步完善特种设备法规标准体系,市场监管总局再次组织修订《特种设备安全监察条例》,并两次面向社会公开征求意见。

《特种设备安全监察条例》是为了加强特种设备的安全监察,防止和减少事故,保障人民群众生命和财产安全,促进经济发展,根据《中华人民共和国特种设备安全法》等法律,制定的条例。

该条例第二条第一款规定,本条例所称特种设备是指涉及生命安全、危险性较大的锅炉、压力容器(含气瓶,下同)、压力管道、电梯、起重机械、客运索道、大型游乐设施和场(厂)内专用机动车辆;第五条第一款规定,特种设备生产、使用单位应当建立健全特种设备安全、节能管理制度和岗位安全、节能责任制度;第五条第二款规定,特种设备生产、使用单位的主要负责人应当对本单位特种设备的安全和节能全面负责；第八条第四款规定，国家鼓励实行特种设备责任保险制度，提高事故赔付能力；第六十四条第三款规定，电梯轿厢滞留人员 2 小时以上的，为一般事故。

电梯法律法规、标准清单如表 2-1 所示。

表 2-1 电梯法律法规、标准清单

序号	名称
1	《中华人民共和国特种设备安全法》
2	《中华人民共和国安全生产法》
3	《特种设备安全监察条例》
4	《特种设备事故报告和调查处理规定》
5	《特种设备事故报告和调查处理导则》（ TSG 03 ）
6	《特种设备生产和充装单位许可规则》（ TSG 07 ）
7	《特种设备生产和充装单位许可规则》第 1 号修改单（ TSG 07/XG1 ）
8	《特种设备生产和充装单位许可规则》第 2 号修改单（ TSG 07/XG2 ）
9	《特种设备使用管理规则》（ TSG 08 ）
10	《电梯维护保养规则》（ TSG T5002 ）
11	《电梯监督检验和定期检验规则》（ TSG T7001 ）
12	《电梯型式试验规则》（ TSG T7007 ）
13	《电梯自行检测规则》（ TSG T7008 ）
14	《特种设备作业人员考核规则》（ TSG Z6001 ）
15	《电梯制造与安装安全规范 第 1 部分：乘客电梯和载货电梯》（ GB/T 7588.1 ）
16	《电梯制造与安装安全规范 第 2 部分：电梯部件的设计原则、计算和检验》（ GB/T 7588.2 ）
17	《自动扶梯和自动人行道的制造与安装安全规范》（ GB 16899 ）
18	《消防员电梯制造与安装安全规范》（ GB/T 26465 ）
19	《防爆电梯制造与安装安全规范》（ GB/T 31094 ）
20	《斜行电梯制造与安装安全规范》（ GB/T 35857 ）
21	《杂物电梯制造与安装安全规范》（ GB 25194 ）
22	《仅载货电梯制造与安装安全规范》（ GB/T 25856 ）
23	《家用电梯制造与安装规范》（ GB/T 21739 ）

序号	名称
24	《电梯技术条件》（GB/T 10058）
25	《电梯试验方法》（GB/T 10059）
26	《电梯安装验收规范》（GB/T 10060）
27	《电梯工程施工质量验收规范》（GB 50310）
28	《建筑工程施工质量验收统一标准》（GB 50300）
29	《电梯、自动扶梯和自动人行道维修规范》（GB/T 18775）
30	《电梯、自动扶梯和自动人行道风险评价和降低的方法》（GB/T 20900）
31	《乘运质量测量 第1部分：电梯》（GB/T 24474.1）
32	《乘运质量测量 第2部分：自动扶梯和自动人行道》（GB/T 24474.2）
33	《适用于残障人员的电梯附加要求》（GB/T 24477）
34	《电梯主要部件报废技术条件》（GB/T 31821）
35	《自动扶梯和自动人行道主要部件报废技术条件》（GB/T 37217）
36	《电梯、自动扶梯、自动人行道术语》（GB/T 7024）
37	《电梯自动救援操作装置》（GB/T 40081）
38	《电梯IC卡装置》（GB/T 39679）
39	《电梯用非钢丝绳悬挂装置》（GB/T 39172）

第二节　电梯制造、安装单位基本要求

　　特种设备生产单位是指从事锅炉、压力容器、压力管道、电梯、起重机械、客运索道、大型游乐设施和场（厂）内专用机动车辆等特种设备的生产活动的单位。这些设备因其对人身和财产安全具有较大危险性，因此需要严格的管理和监督。

　　特种设备安装单位应具备与特种设备制造、安装、改造相适应的专业技术人员和技术工人，具备相适应的生产条件和检测手段及健全的质量管理制度和责任制度。

1 特种设备生产单位许可目录

特种设备生产单位许可目录如表 2-2 所示。

表 2-2 特种设备生产单位许可目录

许可类别	项目	由总局实施的子项目	总局授权省级市场监管部门实施或由省级市场监管部门实施的子项目
制造单位许可	电梯制造（含安装、修理改造）	曳引驱动乘客电梯（含消防员电梯）（A1）	1. 曳引驱动乘客电梯（含消防员电梯）（A2、B） 2. 曳引驱动载货电梯和强制驱动载货电梯（含防爆电梯中的载货电梯） 3. 自动扶梯与自动人行道 4. 液压驱动电梯 5. 杂物电梯（含防爆电梯中的杂物电梯）
安装改造修理单位许可	电梯安装（含修理）	无	1. 曳引驱动乘客电梯（含消防员电梯）（A1、A2、B） 2. 曳引驱动载货电梯和强制驱动载货电梯（含防爆电梯中的载货电梯） 3. 自动扶梯与自动人行道 4. 液压驱动电梯 5. 杂物电梯（含防爆电梯中的杂物电梯）

2 电梯许可参数级别

电梯许可参数级别如表 2-3 所示。

表 2-3 电梯许可参数级别

设备类别	许可参数级别			备注
	A1	A2	B	
曳引驱动乘客电梯（含消防员电梯）	额定速度6.0m/s	2.5m/s<额定速度≤6.0m/s	额定速度≤2.5m/s	A1覆盖A2和B，A2覆盖B
曳引驱动载货电梯和强制驱动载货电梯（含防爆电梯中的载货电梯）	不分级			
自动扶梯与自动人行道	不分级			
液压电梯	不分级			
杂物电梯（含防爆电梯中的杂物电梯）	不分级			

3 电梯施工类别

电梯施工类别及其内容如表 2-4 所示。

表 2-4 电梯施工类别及其内容

施工类别	施工内容
安装	采用组装、固定、调试等一系列作业方法，将电梯部件组合为具有使用价值的电梯整机的活动（包括移装）
改造	1.改变电梯的额定（名义）速度、额定载重量、提升高度、轿厢自重（制造单位明确的预留装饰重量或累计增加/减少质量不超过额定载重量的5%除外）、防爆等级、驱动方式、悬挂方式、调速方式或控制方式。[①] 2.改变轿门的类型，增加或减少轿门。 3.改变轿架受力结构，更换轿架或更换无轿架式轿厢
修理	修理分为重大修理和一般修理两类。 1.重大修理包括： （1）加装或更换不同规格的驱动主机或其主要部件、控制柜或其控制主板或调速装置、限速器、安全钳、缓冲器、门锁装置、轿厢上行超速保护装置、轿厢意外移动保护装置、含有电子元件的安全电路、可编程电子安全相关系统、夹紧装置、棘爪装置、限速切断阀（或节流阀）、液压油缸、梯级、踏板、扶手带、附加制动器等。[②] （2）更换不同规格的悬挂及端接装置、高压软管、防爆电气部件。 （3）改变层门的类型、增加层门。 （4）加装自动救援操作（停电自动平层）装置、能量回馈节能装置等，改变电梯原控制线路。 （5）采用在电梯轿厢操纵箱、层站召唤箱或其按钮的外围接线以外的方式加装电梯IC卡系统等身份认证方式。[③] 2.一般修理包括： （1）修理或更换同规格不同型号的门锁装置、控制柜的控制主板或调速装置[④]

[①] 改变电梯的调速方式是指将乘客或载货电梯的交流变极调速系统改变为交流变频变压调速系统；或者改变自动扶梯与自动人行道的调速系统，使其由连续运行型改变为间歇运行型等。
控制方式是指为响应来自操作装置的信号而对电梯的启动、停止和运行方向进行控制的方式，如按钮控制、信号控制及集选控制（含单台集选控制、两台并联控制和多台群组控制）等。

[②] 规格是指制造单位对产品不同技术参数、性能的标注，如工作原理、机械性能、结构、部件尺寸、安装位置等。
驱动主机的主要部件是指：电动机、制动器、减速器、曳引轮。

[③] 电梯IC卡系统等身份认证方式包括但不限于密码、磁卡、移动支付、指纹、掌形、面部、虹膜、静脉等。

[④] 型号是指制造单位对产品按照类别、品种并遵循一定规则编制的产品代码。

续表

施工类别	施工内容
修理	（2）修理或更换同规格的驱动主机或其主要部件、限速器、安全钳悬挂及端接装置、轿厢上行超速保护装置、轿厢意外移动保护装置、含有电子元件的安全电路、可编程电子安全相关系统、夹紧装置、限速切断阀（或节流阀）、液压油缸、高压软管、防爆电气部件、附加制动器等。 （3）更换防爆电梯电缆引入口的密封圈。 （4）减少层门。 （5）仅通过在电梯轿厢操纵箱、层站召唤箱或其按钮的外围接线方式加装电梯IC卡系统等身份认证方式
维护保养	为保证电梯符合相应安全技术规范以及标准的要求，对电梯进行的清洁、润滑、检查、调整以及更换易损件的活动；包括裁剪、调整悬挂钢丝绳，不包括上述安装、改造、修理规定的内容。更换同规格、同型号的门锁装置、控制柜的控制主板或调速装置，修理或更换同规格的缓冲器、梯级、踏板、扶手带，修理或更换围裙板等实施的作业视为维护保养

4　电梯制造单位的基本要求

电梯生产制造单位是直接生产电梯的企业，拥有自己的产品设计、研发、生产、销售和售后服务机构。这些企业通常拥有完整的生产体系和研发实力，能够提供高质量的产品和专业的售后服务。

4.1　电梯制造单位的主要特征

（1）产品设计、研发和生产能力：电梯制造单位具备独立的产品设计和研发能力，能够根据市场需求开发新产品，并进行大规模生产。

（2）销售和售后服务：电梯制造单位通常有自己的销售团队和售后服务体系，能够提供及时的技术支持和维修服务。

（3）质量控制：电梯制造单位对生产过程进行严格的质量控制，确保产品的可靠性和安全性。

4.2　电梯制造单位的其他要求

作为特种设备生产单位，电梯制造单位还应符合以下要求。

（1）特种设备生产单位，应当具有法定资质，具有与许可范围相适应的资源条件，建立并且有效实施与许可范围相适应的质量保证体系、安全管理制度等，具备保障特种设备安全性能的技术能力。

（2）特种设备生产单位，应当保证特种设备生产符合安全技术规范及相关标准的要求，对其生产的特种设备的安全性能负责。不得生产不符合安全性能要求和能效指标以及国家明令淘汰的特种设备。

（3）特种设备产品、部件或者试制的特种设备新产品、新部件以及特种设备采用的新材料，按照安全技术规范的要求需要通过型式试验进行安全性验证的，应当经负责特种设备安全监督管理的部门核准的检验机构进行型式试验。

（4）在特种设备出厂时，应当随附安全技术规范要求的设计文件、产品质量合格证明、安装及使用维护保养说明、监督检验证明等相关技术资料和文件，并在特种设备显著位置设置产品铭牌、安全警示标志及其说明。

5　电梯安装单位的基本要求

电梯安装是将电梯制造单位出厂后的产品，在施工现场装配成整机至交付使用的过程。电梯安装工程是电梯工程施工术语，涉及将电梯部件组合为具有使用价值的电梯整机的活动，包括移装等一系列作业方法。

5.1　电梯安装单位的主要特征

（1）规模相对较小：电梯安装单位通常规模较小。

（2）安装单位众多：电梯安装单位的数量庞大，截至2023年年底，全国共有特种设备生产（含设计、制造、安装、改造、修理）和充装单位76366家，持有许可证77885张，其中，设计许可证2275张，制造许可证16375张，安装改造修理许可证32062张，移动式压力容器及气瓶充装许可证27173张。

（3）技术要求高：电梯安装是一项机电一体化技术密集型工作，需要具备高水平的技术能力和专业知识。

（4）法规遵从性：电梯属于特种设备，其安装过程受到严格的法规和标准约束。电梯安装单位必须获得相应的特种设备安装许可证，并遵守相关的安全标准和规定。

（5）日常管理工作复杂：电梯安装单位不仅负责电梯的安装，通常还承担电梯的日常维护修理工作，还要应对各种突发情况和客户需求。

5.2 电梯安装基本步骤和流程

（1）准备工作：现场勘查、设备检查、工具准备等。

（2）组装和固定：将电梯部件按照设计图纸进行组装，并进行固定。

（3）调试：对电梯进行调试，确保其正常运行。

（4）测试：进行各种功能测试，确保电梯符合安全标准和性能要求。

（5）验收：完成安装后，对电梯进行验收，确保电梯达到使用标准。

5.3 电梯安装质量控制

（1）质量控制：安装过程中需严格遵守相关标准和规范，确保每个环节的质量。

（2）常见问题：安装不当、调试不合格、部件损坏等问题，可能导致电梯运行不稳定或存在安全隐患。

电梯安装、改造、修理，必须由电梯制造单位或者其委托的取得相应许可的单位进行。电梯制造单位委托其他单位进行电梯安装、改造、修理的，应当对其安装、改造、修理进行安全指导和监控，并按照安全技术规范的要求进行校验和调试，电梯制造单位对电梯安全性能负责。

第三章

电梯施工技术

电梯施工是指电梯设备的安装、改造、调试、维修、保养及外围设备的保障等。

在电梯施工作业中，电梯安装维修作业人员要具有较强的机械操作能力，以及电气设备、测量、测绘、仪器仪表操作能力；能够看懂机械零件图与装配图、电梯安装土建图、电气控制原理图、接线图，掌握各种电气安全保护装置的作用原理与调试知识；掌握电梯的曳引机械、控制机构、升降部分、轿厢对重、电气安全装置的构造和工作原理等；掌握电梯安装、维修、保养步骤方法，具有排除一般故障的能力；了解常用工、夹、量具的名称、规格、用途和维护保养方法，从而确保电梯安装、维修的整体质量，为电梯安全运行打下坚实基础。

第一节　曳引驱动电梯施工技术与质量验收检查

1　曳引驱动电梯施工工序

曳引驱动电梯施工工序如图 3-1 所示。

2　样板架施工与质量验收检查要点

2.1　样板架施工准备要求

样板架施工应做好如下准备工作。

（1）施工工具主要包括电锤、切割机、榔头、錾子、扳子、线坠、木工锯、墨斗、铅笔等。

（2）测量工具主要包括水平尺、直角尺、钢板尺、钢卷尺等。

（3）施工材料及要求：样板木、角钢、M16 膨胀螺栓、U 形卡钉、钉子、铅丝等。其中，样板木应用无结、不易变形、经过烘干处理的木材，且应是四面刨光、平直方正的。

```
                          放样架吊线
                              │
        ┌─────────────────────┼─────────────────────┐
        │                     │                     │
   机房内安装              井道内安装              层站处安装
        │                     │                     │
   ┌────┼────┐          ┌─────┴─────┐      ┌────┬────┬────┐
   │    │    │          │           │      │    │    │    │
 承重梁 限速器 控制柜   导轨安装   缓冲器   层门  层门  门套  层门召唤
   │         安装                          地坎  装置        指示器
   │                                                    
 曳引机                                                 
   │    │    │     │      │      │                    │
   │    │    │     │      │      │                    │
 导向轮 轿厢 对重 限速器  平层  终点开关              层门
       拼装 安装 张紧轮  装置
        │    │     │      │      │
        └────┼─────┴──────┴──────┘
             │
   ┌────┬────┼────┬──────────┐
   │    │    │    │          │
 安全钳 门机 轿厢 导靴等   曳引钢丝绳
            架附件        及补偿装载
                          安装
             │
        电气装置安装
             │
      调整、试验、试运行
```

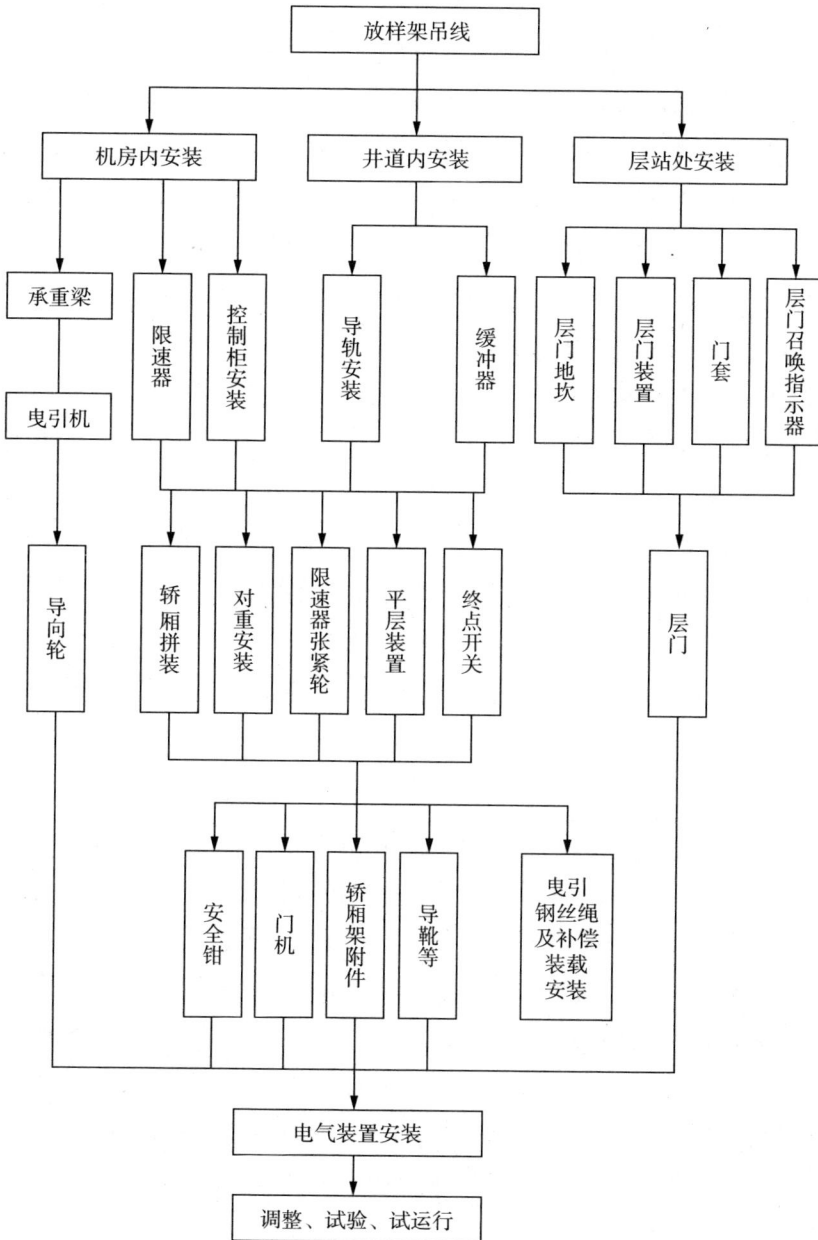

图 3-1 曳引驱动电梯施工工序

（4）样板架施工作业条件如下：

1）井道内脚手架搭设应使用钢管，搭设标准应与电梯安装单位提出的使用要求相一致；当脚手架高度超过30m时，应有卸载措施。

2）脚手架立管的最高点宜位于井道顶板下1500～1700mm处。

3）脚手架排管档距宜为1400～1700mm，每层入口处楼板平面下200～400mm处应设一档横管，两档横管之间应加装一档横管。

4）脚手架每步最少铺2/3面积的脚手板，板与板之间应铺满、铺严，空隙不应大于50mm，所留的上人孔相互错开，留孔一侧搭设一道护身栏杆。

5）脚手架在井道内的平面布置尺寸应结合轿厢、轿厢导轨、对重、对重导轨、层门等之间的相对位置评估，不得影响电梯部件组装。

6）脚手架搭设完成后，应经搭设单位、监理单位及电梯安装单位共同验收。

7）电梯安装前，所有层门预留孔应设有高度不小于1200mm的安全护栏，并应保证有足够的强度，护栏下部应有高度不小于100mm的踢脚板，并应采用左右开启方式，不得采用上下开启方式。

8）当电梯行程高度小于或等于30m时，井道偏差为（0～+25）mm。

9）当电梯行程高度大于30m且小于或等于60m时，井道偏差为（0～+35）mm。

10）当电梯行程高度大于60m且小于或等于90m时，井道偏差为（0～+50）mm。

11）当电梯行程高度大于90m时，允许偏差应符合土建布置图要求。

12）装有多台电梯的井道中，不同电梯的运动部件之间应设置隔障，隔障应至少从轿厢、对重行程的最低点延伸到最低层站楼面以上2500mm的高度，且有足够的宽度以防止人员从一个底坑通往另一个底坑。

13）底坑内应有良好的防渗、防漏水保护，底坑内不得有积水。

14）每层应有最终完成地面基准标志，多台并列和相对电梯应提供门口装饰基准标志。

2.2　样板架施工工艺

（1）样板架施工流程如图 3-2 所示。

```
搭设样板架 → 测量井道、确定基准线 → 样板就位，挂基准线 → 机房放线
```

图 3-2　样板架施工流程

（2）井道顶板下 1000mm 处，用膨胀螺栓将角钢水平牢固地固定于井道壁上。

（3）当井道壁为砖墙时，应在井道顶板下 1000mm 处沿水平方向剔洞，稳放样板支架，且端部固定。

（4）样板支架方木端部应垫实找平，水平度偏差不得大于 3/1000。

（5）放两根门口线测量井道，两线间距宜为门净开度。

（6）井道内安装的限速器钢绳、限位开关、中线盒、随线架等部件不应妨碍轿厢运行。

（7）门上滑道及地坎等与井道距离、对重与井道壁距离，应保证在轿厢及对重上下运行时，其运动部分与井道内静止的部件及土建净距离不小于 50mm。

（8）确定导轨中心线时应考虑对重宽度（包括对重块、最突出部分），距墙壁及轿厢应有不小于 50mm 的间隙。

（9）确定各层地坎位置时，应根据所放门口线测出每层墙面或牛腿与该线的距离。

（10）安装两台或多台并列电梯时，各电梯中心距离应与建筑图相符，且根据井道建筑情况，对所有指示灯、按钮盒等位置整体定位，高度一致。

（11）确定多台相对并列电梯基准线时，除应符合上述的事项外，还应确保两列电梯层门口相对一致。

（12）确定基准线时，应复核机房的平面位置，曳引机、工字钢、限速器、极限开关等电气设备的布局应合理。

（13）样板架安装示意如图 3-3、图 3-4 所示。

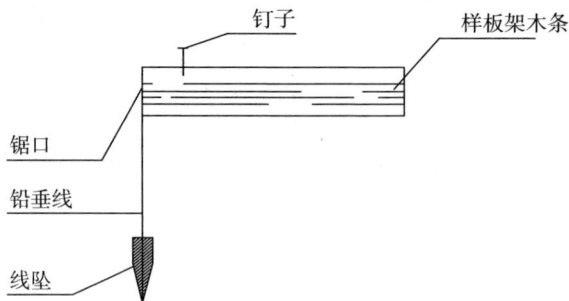

图 3-3　电梯上样板架安装示意

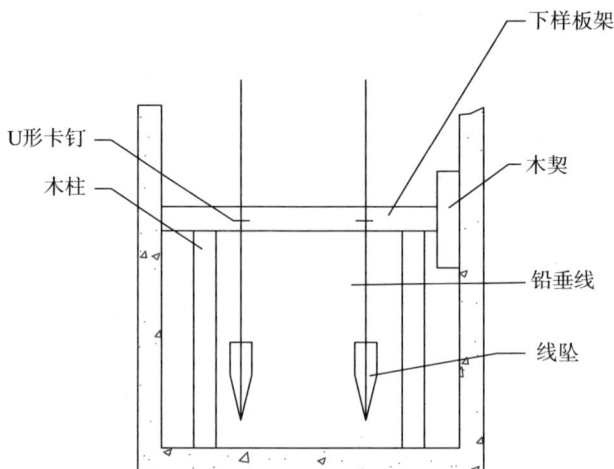

图 3-4　电梯下样板架安装示意

（14）采用样板法或直钉木条法时，在确定电梯井道中心线、轿厢架中心线、对重中心线后，确定各基准线的放线点，核对无误后，复核各对角线尺寸是否相等，偏差不应大于 0.3mm。

（15）样板的水平度偏差在全平面内不得大于 3/1000；为便于安装时观测，在样板架上应用文字注明轿厢中心线、层门和轿门中心线、层门和轿门口净宽、导轨中心线等。

（16）在样板处，将钢丝一端悬线坠，缓慢放下至底坑；垂线中间不应与脚手架或其他物体接触，也不应有钢丝结死结现象。

（17）在放线点处，用锯条或电工刀垂直锯划一 V 形小槽，钉一铁钉，用作悬挂固定铅垂线；以 V 形小槽顶点为放线点，将钢丝线放入，以防止基准线移位造成误差，在放线处注明此线名称，并将尾线在固定铁钉上绑牢。

（18）线放到底坑后，任其自然垂直静止；当行程较高或有风从而导致线坠不易静止时，可在底坑放一水桶，将线坠置于水中，增加其摆动阻力，使线坠尽快静止。

（19）在底坑上 800～1000mm 处，用木方支撑固定下样板，待基准线静止后用 U 形卡钉将线固定在样板木上，样板上各放线点的固定点的各部尺寸、对角线尺寸等不应有偏差，检查确定无误后，方可进行下道工序。

（20）井道样板完成后，应进行机房放线校核，确定机房各预留孔洞的准确位置，为曳引机、限速器等设备定位安装做好准备。

（21）线坠通过机房预留孔洞，将样板上的轿厢、对重导轨轴线、轨距中心线（门中线）等引到机房地面上。

（22）以图纸尺寸要求的导轨轴线、轨距中线、两垂直交叉十字线为基础，弹划出各绳孔的准确位置，并根据弹划线的准确位置，修正各预留孔洞，确定承重钢梁及曳引机的位置。

2.3 样板架施工质量验收检查要点

（1）基准线尺寸应符合图纸要求，各线偏差不应大于 0.3mm。

（2）基准线应保持垂直。

（3）样板架水平度偏差不得大于 3/1000。

（4）并列电梯、层门中心距离偏差不应超过 20mm。

（5）相对电梯、层门中心距离偏差不应超过 20mm。

2.4 样板架施工注意事项

（1）样板架应牢固、准确；制作样板架时，样板架托架的木质、强度应符合相关规定要求，应牢固地安装在井道壁上，不应作其他承重。

（2）放钢丝线时，钢丝线上线坠不应过大，应捆扎牢固，放线时下方不得站人。

（3）每次作业前，均应复查一次基准线，确认无误后，方可作业。

（4）电梯施工操作时使用的手持电动工具应安全有效。

（5）操作时使用的工具用后应装入工具袋，不应抛投物料。

（6）在进行设备拆箱、搬运时，应及时清运拆箱板并码放至指定地点，应将拆箱板钉子钉弯，抬运重物时前后呼应，配合协调。

（7）各层门厅防护栏应保持良好，非工作人员不应随意出入。

（8）井道脚手架的搭设、拆除，应由专业架子工队伍施工，并正确使用安全绳、安全带。

（9）电焊作业人员必须持证上岗，清理易燃物，配备挡渣板、灭火器，并满足交底、看火、监护等要求。

3 电梯导轨施工与质量验收检查要点

3.1 导轨施工准备要求

（1）施工工具主要包括小型卷扬机、电焊工具、电锤、麻绳、钢丝绳索、滑轮、榔头、导轨刨刀等。

（2）测量工具主要包括钢板尺、平直尺、钢卷尺、水平尺、塞尺、导轨校正仪、找道尺等。

（3）施工材料及要求：电梯导轨、导轨支架、压导板、连接板、导轨基础座及相应的连接螺栓等，其规格、数量应与装箱单相符。

（4）电梯导轨施工作业条件如下。

1）电梯井道墙面施工完毕，其宽度、深度（进深）、垂直度应符合施工要求。底坑应按设计标高要求打好地面。

2）电梯施工用脚手架应符合有关的安全要求，承重能力 ≥ 2500N/m² （≈250kg/m²），还应符合安装导轨支架和安装导轨的操作要求。

3）井道施工应采用36V及以下的低压电照明，每部电梯井道应单独供电，采用独立开关控制，且光照亮度应满足设计及使用要求。

4）上、下通信和联络设备应调试至满足设计及使用要求。

5）层门口、机房、脚手架上、井道壁上无杂物，层门口、机房孔洞应采取相应的防护措施，以防物体坠落。

6）检查并确认预埋件牢固可靠，不应遗漏；位置尺寸正确，预留孔洞的位置及几何尺寸正确。

7）导轨上的油污应擦洗干净。

8）调整支架位置及导轨时，应选择在无风和无其他干扰情况下作业。

3.2 导轨施工工艺

导轨施工流程如图 3-5 所示。

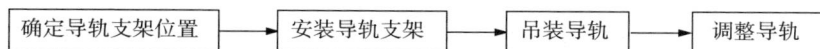

确定导轨支架位置 → 安装导轨支架 → 吊装导轨 → 调整导轨

图 3-5 导轨施工流程

（1）在无导轨支架预埋铁的电梯井道壁上，应以图纸要求的导轨支架间距尺寸及安装导轨支架的垂线为依据，确定导轨支架在井道壁上的位置。

（2）最下一排导轨支架安装在底坑地面以上不宜高于 1000mm 的相应位置。

（3）最上一排导轨支架安装在井道顶板以下不宜低于 500mm 的相应位置。

（4）确定导轨支架位置时，应确保导轨连接板与导轨支架不相互碰撞。错开的净距离不应小于 30mm。

（5）导轨支架的布置应满足每根导轨两个支架，其间距不大于 2500mm。

（6）导轨支架安装可根据每部电梯的设计要求及具体情况，选用不同的安装方法。导轨支架安装示意如图 3-6 所示。

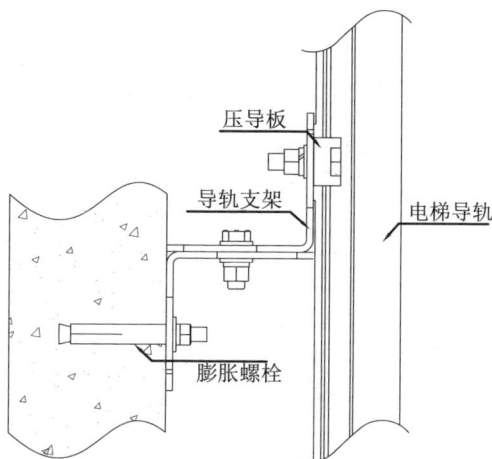

图 3-6 导轨支架安装示意

（7）电梯井道壁预留预埋铁时，应清除预埋铁表面的混凝土。

（8）依据安装导轨支架垂线核查预埋铁位置，当其位置偏移达不到安装要求时，可在预埋铁上补焊钢板。钢板厚度不应小于 16mm，长度不应大于 300mm。当长度大于 200mm 时，端部应用不小于 M16 的膨胀螺栓固定于井道壁，加装钢板与原预埋铁搭接长度不应小于 50mm，且应三面满焊。

（9）在安装导轨支架前，应复核由样板上放下的基准线，基准线距导轨支架平面 1 ～ 3mm，两线间距宜为 80 ～ 100mm。

（10）根据导轨支架中心线及其平面辅助线确定导轨支架位置，进行找平、找正后，再进行焊接。

（11）导轨支架水平度偏差不应大于 15/1000，导轨支架平面与导轨接触面应贴合紧实，支架端面垂直度误差应小于 1mm。

（12）当混凝土电梯井道壁无预留预埋铁时，应采用膨胀螺栓直接固定导轨支架，但砖墙上不得用膨胀螺栓固定。

（13）使用的膨胀螺栓规格，应符合电梯厂图纸要求；当制造单位无要求时，膨胀螺栓的规格不应小于 M16，膨胀螺栓的埋入深度不应小于 120mm。

（14）打膨胀螺栓孔时，位置要准确且应垂直于墙面，深度应适当，应以膨胀螺栓被固定后护套外端面和墙壁表面相平为宜。

（15）导轨支架就位，找平、找正后，将膨胀螺栓紧固。

（16）当电梯井道壁较薄，其厚度小于 150mm 且无预埋铁时，不宜采用膨胀螺栓固定导轨支架，可采用井道壁打透眼，用大于 ϕ16mm 的穿钉固定钢板，钢板应大于等于 16mm；穿钉在井道壁外侧应加 100mm×100mm×12mm 的垫铁，以增加强度，并将导轨支架焊接在钢板上。

（17）底坑架设导轨基础座，应找平垫实，其水平度偏差不大于 1/1000。

（18）检查并确认导轨的直线度偏差不大于 1/6000，且单根导轨全长偏差不大于 0.7mm，不符合要求的导轨可用导轨校正器校正或更换。

（19）每根符合要求的导轨应在榫头端装上连接板，吊装导轨时应采用 U 形卡或双钩勾住导轨连接板。

（20）当导轨较轻且提升高度不大时，可采用人力方式提升，使用不小于

ϕ25mm 的麻绳代替卷扬机吊装导轨。

（21）在采用人力提升时，应由下而上逐根立起。在采用小型卷扬机提升时，应符合吊装用具的承载能力，吊装总重不超过 3kN（≈300kg）。

（22）在安装导轨时，每根导轨的凸榫头应朝上。

（23）在吊运时应扶正导轨，导轨不得与脚手架碰撞；在逐根立起时，应用连接板将导轨相互连接牢固，并用导轨压板将其与导轨架临时压紧，待校正后再正式紧固。

（24）在安装顶层末端导轨前，应在将导轨截至所需的实际尺寸后，再进行吊装。

（25）用找道尺检查和找正导轨，在进行扭曲调整时，应将找道尺端平，并使两指针尾部侧面和导轨侧工作面贴平、贴严，两端指针尖端应指在同一水平线上。

（26）导轨支架和导轨背面间的衬垫厚度不应大于 3mm，当衬垫厚度大于 3mm 且小于或等于 7mm 时，应在衬垫间点焊；当衬垫厚度大于 7mm 时，应先垫入与导轨支架宽度相等的钢板垫片，再用较薄的衬垫调整。

（27）可自下而上或自上而下调整导轨，当自上而下校正时，应确保导轨底座高度可调整。

（28）当高层电梯因风吹或其他原因造成基准线摆动时，可分段校正导轨后定位基准线，待定位拆除后再进行精校导轨。

（29）在调整导轨垂直度和中心位置时，若调整导轨位置，其端面中心应与基准线相对，并保持规定间隙。

（30）每列导轨的侧面、顶面等工作面与安装基准线每 5m 的偏差为：轿厢导轨和设有安全钳的对重导轨不应大于 0.6mm，不设安全钳的对重导轨不应大于 1.0mm。

（31）在校验导轨间距时，先在找正点处将找道尺端平，后用塞尺测量找道尺与导轨端面间隙，找正点在导轨支架处及两支架中心处；两导轨端面间距偏差与表 3-1 符合。

表 3-1 两导轨端面间距偏差与导轨高度标准

电梯速度	2m/s 以上		2m/s 以下	
轨道用途	轿厢	对重	轿厢	对重
偏差值（mm）	0~+1	0~+2	0~+2	0~+3

（32）导轨接头处，导轨工作面直线度可用 500mm 钢板尺靠在导轨工作面上后，用塞尺对缝隙处进行检查测量。

（33）导轨工作面接头处不应有连续缝隙，局部缝隙不应大于 0.5mm。

（34）导轨工作面接头处台阶用直线度为 0.01/300 的平直尺或其他工具测量，不应大于 0.05mm。

（35）不设安全钳的对重导轨接头处缝隙不应大于 1.0mm，导轨工作面接头处台阶不应大于 0.15mm。

3.3 导轨施工质量验收检查要点

（1）导轨安装位置应符合电梯厂家土建布置图的要求。

（2）当对重（或轿厢）将缓冲器完全压缩时，轿厢（或对重）导轨长度应有不小于 $0.1+0.035v^2$（m）的进一步制导行程。

（3）导轨应安装牢固，导轨间距的偏差应符合表 3-2 所示。

表 3-2 导轨间距偏差标准

项次	项目			偏差值（mm）	检验方法
1	导轨间距	甲	轿厢	0~+1	用找道尺、塞尺每 2~3m 检查一次
			对重	0~+2	
		乙、丙	轿厢	0~+2	
			对重	0~+3	

注：电梯额定速度分为甲类（3.0m/s<v≤6.0m/s）、乙类（1.0m/s<v≤3.0m/s）、丙类（v≤1.0m/s）三类。

（4）焊接应双面均匀满焊。

（5）导轨支架在井道壁上的安装应牢固可靠、位置正确、横平竖直。

（6）混凝土构件的压缩强度应符合电梯土建布置图的要求。

（7）导轨组装的允许偏差、尺寸要求和检验方法如表 3-3 所示。

表 3-3　导轨组装的允许偏差、尺寸要求和检验方法

项次	项目			允许偏差或尺寸要求 （mm）	检验方法
1	导轨垂直度（每5m）			≤0.6	吊线、尺量检查
2	接头处	局部间隙		≤0.5	用塞尺检查
		台阶		≤0.05	用钢板尺、塞尺等检查
		修光长度	甲	≥300	
			乙、丙	≥200	尺量检查
3	顶端导轨架距导轨顶端的距离			≤500	尺量检查

3.4　导轨施工注意事项

（1）导轨及其他附件在被露天放置时，应有防雨、防雪措施。

（2）运输导轨时不应碰撞、拖动或用滚杠滚动运输。

（3）剔凿导轨支架孔洞等作业时，剔出主钢筋或预埋件，不应将其破坏。

（4）在安装导轨的过程中，对已安装好的导轨及支架应保护到位，不应碰撞。

（5）脚手板上不应放置杂物，导轨支架应随装随取，不应大量放置在脚手板上。

（6）不应在调整轨道后再补焊，以防影响调整精度。

（7）在导轨调整完毕后，应将组合式导轨支架连接部分进行点焊。

（8）在调整导轨时，应在导轨支架处及相邻的两导轨支架中间的导轨处设置测量点，确保调整精度。

（9）对于与电梯安装相关的预埋铁、金属构架及其焊口，均应做好清除焊渣、除锈防腐工作，不得遗漏。

（10）当电梯导轨需要码放在层门口时，应符合楼板的承重能力。

（11）安装导轨时下方不得有人，操作时应有专人指挥，信号清晰、规范，操作者分工明确。

（12）在导轨吊装中导轨未固定好时，不得摘下索具；在导轨入榫时，操作应平稳，防止挤伤。

（13）照明灯具和电动工具设备要有漏电保护器，且绝缘良好，并定期检查。

4 电梯对重施工与质量验收检查要点

4.1 对重施工准备要求

（1）施工工具主要包括手拉葫芦、钢丝绳扣、方木、扳手、榔头、吊索、钢锉、撬棍等。

（2）测量工具主要包括钢板尺、平直尺、钢卷尺、水平尺、塞尺等。

（3）施工材料及要求：对重架规格应符合设计要求，完整、坚固，无扭曲及损伤现象，对重导靴和固定导靴使用的螺栓规格、质量、数量应符合要求。

（4）对重施工作业条件如下。

1）对重导轨安装、调整、验收合格后，底层拆除局部脚手架排挡，以对重能进入井道就位为准，并对此处脚手架进行加固。

2）应清理电梯井道、底坑内杂物，以具备相应的施工作业条件，便于施工人员在底坑内作业。

4.2 对重施工工艺

（1）电梯对重施工流程如图 3-7 所示。

图 3-7　电梯对重施工流程

（2）电梯对重吊装前，依照高度基准线确定底坑深度且深度合格。

（3）依照制造单位提供的对重架装配图检查对重轨道和对重架尺寸，两者应相配，并确定对重架各部分零部件的装配位置。

（4）在脚手架上方便吊装对重架和装入对重块的位置搭设操作平台。

（5）在方便吊装对重的适当高度，相对的对重轨道两支架上，架设具备足够强度的钢管，并在钢丝绳扣中央悬挂手拉葫芦后，将钢丝绳扣拴在架好的钢管上。

（6）当导靴为弹簧式或固定式时，应将同一侧的两个导靴拆下。

（7）当导靴为滚轮式时，应将四个导靴均拆下。

（8）对重缓冲器附近应当设置永久性的明显标志，标明当轿厢位于顶层端站平层位置时，对重装置撞板与其缓冲器顶面间的最大允许垂直距离；并且该垂直距离不得超过最大允许值。

（9）在安装固定式导靴时，应保证内衬与导轨端面间隙上、下一致；当不满足要求时，应用垫片进行调整，同时应按制造单位要求调整导轨和导靴之间的工作间隙。

（10）在安装弹簧式导靴前，应将导靴调整螺母拧紧到最大限度，使导靴和导靴架之间无间隙，以便于安装。

（11）当靴衬上、下与导轨端面间隙不一致时，在导靴座和对重架间用垫片进行调整，调整方法同固定式导靴。

（12）在安装滚轮导靴时应安装平整，两侧滚轮对导轨的初压力应相等，压缩尺寸应符合制造单位的规定，无规定时，根据使用情况调整，使压力适中，正面滚轮应与道面压紧，轮中心对准导轨中心。

（13）在加载对重块前，应完成轿厢架的组装、对重和轿厢的曳引绳安装工作。

（14）装入对重块的重量应按下式计算：$G=A+B(0.4 \sim 0.5)-C$。式中，G 为装入的对重重量；A 为轿厢自重；B 为额定载重量；C 为对重框重。

（15）在轿厢未拼装完成时，首次加载对重块的重量应为上述公式计算出数量的一半；待轿厢全部拼装完成后，可按上述重量全部加载。

（16）最终加载对重块的重量，应在调试时由平衡系数试验确定。

（17）安装对重块压紧装置时，应防止对重块在电梯运行时移位，发出撞击声。

（18）对重下撞板处宜加装缓冲补偿墩 2 ~ 3 个，当电梯的曳引绳伸长时，可用其调整的缓冲距离应符合相关标准。

（19）将滑轮固定在对重装置上时，应设置有效装置，防止出现伤害人体、悬挂绳松弛脱离绳槽、绳与绳槽之间落入杂物的情况。

（20）当对重设有安全钳时，应在对重装置进入井道前，将与安全钳有关的部件安装完成。

（21）对重的运行区域应采用隔障防护，当隔障为网孔型时，应符合现行国家标准《机械安全 防止上下肢触及危险区的安全距离》（GB/T 23821）的相关规定。

（22）隔障应从对重完全压缩缓冲器的位置起或平衡重位于最低位置时的最低点起延伸到底坑地面以上最低 2000mm 处。

（23）从底坑地面到隔障的最低部分不应大于 300mm，宽度应至少等于对重的宽度。

（24）隔障应具有足够的刚度，以确保承受垂直作用于任何位置且均匀分布在 5cm² 的圆形或正方形面积上的 300N 的静力，且所产生的变形不会导致与对重碰撞。

（25）轿厢及其关联部件与对重及其关联部件之间的距离应至少为 50mm。

（26）当缓冲器随对重运行时，缓冲器应设置在轿厢和对重的行程底部极限位置。

4.3　对重施工质量验收检查要点

（1）上、下导靴应在同一垂直线上，不应有歪斜、偏扭现象。

（2）应具有快速识别对重块数量的措施。

（3）刚性结构应保证电梯正常运行，轿厢两导轨端面与两导靴内表面间隙之和应符合电梯制造单位的规定。

（4）弹性结构能保证电梯正常运行，且导轨顶面和导靴滑块面无间隙，导靴弹簧的伸缩范围应符合电梯制造单位的规定。

（5）滚轮导靴应不歪斜，且压力均匀；说明书有规定的按规定调整，中心接近一致，且在整个轮缘宽度上与导轨工作面均匀接触。

4.4　对重施工注意事项

（1）安装对重导靴后，应用旧布等对其进行保护，以免尘渣进入靴衬中，影响其使用寿命。

（2）施工时应在井道中架设防护网，防止物体坠落砸坏导靴或伤害施工人员。

（3）在对重架的运输、吊装和装对重块的过程中，不应碰坏已装修好的地面、墙面、导轨和其他设施，必要时应采取相应的保护措施。

（4）手拉葫芦应带防脱钩装置，在搬运潮湿的对重块前，应先用棉纱或干布将其擦干净。

（5）在搬运对重块时，应两人同时作业。在搬运过程中，对重块应扣手向下，且作业人员应抓紧把牢，防止其松脱滑落。码放对重块应轻搁轻放。

（6）安装调整导靴后，所有螺栓应紧固防松。

（7）在吊装对重过程中，不应碰触基准线，以免影响安装精度。

（8）在使用橡胶滚轮导靴时，不应用汽油或柴油直接擦拭滚轮表面。

（9）在使用滚轮导靴时，不应用润滑油润滑导轨。

（10）在吊装对重架时，不应将钢丝绳固定在导轨上。

（11）防止井道上方坠落物体，不立体交叉作业，注意头顶防护板，正确使用安全帽。

5 电梯轿厢施工与质量验收检查要点

5.1 轿厢施工准备要求

（1）施工工具主要包括电锤、手电钻、3T 及以上手拉葫芦、撬棍、钢丝绳扣、钢丝钳、梅花扳手、活扳手、榔头、圆锉、钢锯、螺丝刀、木锤等。

（2）测量工具主要包括水平尺、钢板尺、钢卷尺、线坠、塞尺等。

（3）施工材料及要求：方木、工字钢、膨胀螺栓、角钢、圆钢或钢管、铅丝等。轿厢零部件应完好无损，数量齐全，规格符合要求。各传动、转动部件应灵活、可靠，安全钳装置应有型式试验报告结论副本，渐进式安全钳装置还应有调试证书副本。

（4）电梯轿厢施工作业条件如下。

1）机房应装好门窗，门上加锁，非作业人员不得出入，机房地面应无杂物。

2）拆除顶层脚手架后，应有足够的作业空间。

3）安装现场施工用电应符合现行行业标准《建筑与市政工程施工现场临时用电安全技术标准》（JGJ/T 46）的规定。

4）导轨安装、调整完毕。

5）顶层层门口无堆积物，应具有可用于搬运大型部件的通道。

5.2　轿厢施工工艺

（1）电梯轿厢施工流程如图 3-8 所示。

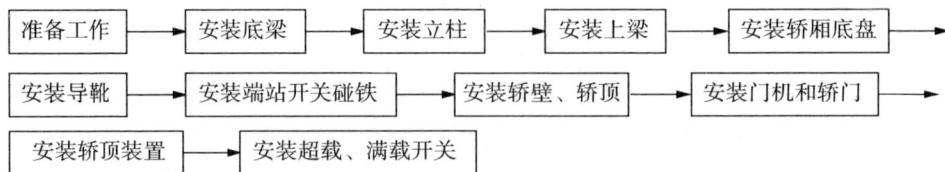

```
准备工作 → 安装底梁 → 安装立柱 → 安装上梁 → 安装轿厢底盘 →

安装导靴 → 安装端站开关碰铁 → 安装轿壁、轿顶 → 安装门机和轿门 →

安装轿顶装置 → 安装超载、满载开关
```

图 3-8　电梯轿厢施工流程

（2）按照制造单位的轿厢装配图，了解轿厢各部件的名称、功能、安装部位及尺寸要求。复核轿厢底梁的宽度与导轨距是否相配，不相配时应按图检查并做出调整。

（3）在顶层层门口对面的混凝土井道壁相应位置上安装两个角钢托架（用 100mm × 100mm 的角钢），每个托架用 3 个 M16 膨胀螺栓固定。

（4）在层门口处横放一根方木，在角钢托架和横木上架设两根方木（200mm × 200mm）或两根工字钢（20#）；测量确认两横梁的水平度偏差不大于 2/1000 后，将方木端部固定。

（5）在确定导轨支架位置时，应确保导轨连接板与导轨支架不相互碰撞；错开的净距离不应小于 30mm。货梯应根据电梯井道尺寸进行计算，确定方木及型钢尺寸、型号。

（6）在井道壁为砖结构时，应在层门口对面的井道壁相应的位置上，剔两个与方木大小相适应、深度超过墙体中心 20mm 且不小于 75mm 的墙洞，用以支撑方木的一端。

（7）当由电梯制造单位提供专用的轿厢安装夹具时，应检查此夹具的规格与导轨型号是否相配，且其附属配件齐备后，按照使用说明正确使用。

（8）在机房承重钢梁上的相应位置（当承重钢梁在楼板下时，应在轿厢绳孔旁）横向固定一根直径不小于 $\phi 50mm$ 的圆钢或规格 $\phi 75mm \times 4mm$ 的钢管，由轿厢中心绳孔处放下不小于 $\phi 13mm$ 的钢丝绳扣，宜悬挂一个手拉葫芦，以备安装轿厢时使用。

（9）将底梁放在架设好的方木或工字钢上，调整安全钳口与导轨面间隙，按照电梯制造单位图纸规定的尺寸要求，调整底梁的水平度，使其横、纵向水平度均不大于1/1000。

（10）安全钳楔块距导轨侧工作面的距离调整至3 ~ 4mm 或遵守制造单位的规定，且四个楔块距导轨侧工作面间隙应一致；用厚垫片塞于导轨侧面与楔块之间，使其固定，并将安全钳嘴和导轨端面用木楔塞紧。

（11）安装立柱应将立柱与底梁连接，连接后立柱应垂直，其垂直度在整个高度上不大于1.5mm，不得有扭曲，在达不到要求时，应用垫片进行调整。

（12）在安装上梁时，用手拉葫芦将上梁吊起与立柱相连接，按顺序安装所有的连接螺栓，不得拧死。

（13）调整上梁的横、纵向水平度，偏差不大于0.5/1000，再次校正立柱垂直度，偏差不大于1.5mm；确认装配后的轿厢架无扭曲、无应力存在后，方可分别紧固连接螺栓。

（14）在上梁带有绳轮时，绳轮与上梁间隙均相等，其相互尺寸误差不大于1mm，绳轮自身垂直偏差不大于0.5mm。

（15）在安装轿厢底盘时，用手拉葫芦将轿厢底盘吊起，放于相应位置。依据基准线进行前后左右的位置调整，调整完成后，将轿厢底盘与立柱、底梁用螺栓连接，螺栓不可拧紧；装上斜拉杆并进行调整，轿厢底盘水平度偏差不大于2/1000后，用双螺母拧紧斜拉杆，再将各连接螺栓紧固。

（16）当轿底为活动结构时，先按上述要求将轿厢底盘托架安装并调好，再将减震器及称重装置安装在轿厢底盘托架上。用手拉葫芦将轿厢底盘吊起后，缓缓就位，使减震器上的螺栓逐个插入轿厢底盘相应的螺栓孔中，再调整轿厢底盘的水平度偏差不大于2/1000，达不到要求的，可在减震器的部位加垫片进行调整。

（17）安装调整安全钳拉杆，拉起安全钳拉杆，使安全钳楔块轻轻接触导轨，此时，限位螺栓应略有间隙，以保证在电梯正常运行时，安全钳楔块与导轨不发生相互摩擦或误动作。还应进行模拟动作试验，保证左右安全钳拉杆动作同步，动作应灵活无阻，达到要求后，拉杆顶部用双螺母紧固。

（18）在安装轿厢导靴前，应先按制造单位的要求，检查导靴型号及使用范围。调整前，还应复核标准导轨间距。

（19）上、下导靴中心与安全钳中心三点应在同一条垂线上，不应有歪斜、偏扭。

（20）固定式导靴应保证其间隙一致，内衬与导轨两工作面间隙为0.5～1mm，与导轨端面间隙两侧之和为（2.5±1.5）mm。

（21）弹簧式导靴应随电梯的额定载重量而调整，内部弹簧受力相同，轿厢应保持平衡。

（22）滚轮导靴应安装平正，两侧滚轮对导靴的初压力应相同，弹簧的压缩尺寸应按制造单位的规定调整。

（23）当制造单位无明确规定时，应根据使用情况调整各滚轮的限位螺栓，使侧面方向两滚轮的水平移动量为1mm，顶面滚轮水平移动量为2mm。允许导轨顶面与滚轮外缘间保持间隙值不大于1mm，并使各滚轮外缘与导轨工作面保持相互平行、无歪斜且接触均匀。

（24）安装端站开关碰铁前，应对碰铁进行检查，有扭曲、弯曲现象应调整。

（25）碰铁应安装牢固，并采用加弹簧垫圈的螺栓固定。

（26）轿厢壁板在出厂时表面贴有保护膜，装配前应清除其折弯部分的保护膜。

（27）先将轿顶组装好，用绳索悬挂在轿厢架上梁下方作临时固定，待轿壁全部安装完成后，再将轿顶放下，并按设计要求与轿厢壁定位固定。

（28）根据井道内轿厢四周的净空尺寸情况拼装轿壁，应预先在层门口将单块轿壁组装成几大块；先安放轿壁与井道间隙最小的一侧，并用螺栓与轿厢底盘初步固定，再依次安装其他各侧轿壁；待轿壁全部安装完后，紧固轿壁板间及轿底间的固定螺栓，并将各轿壁板间的嵌条和与轿顶接触的上平面整平。

（29）轿壁底座和轿厢底盘的连接、轿壁与底座之间的连接应紧密。各连接螺栓应加弹簧垫圈。当轿厢底盘局部不平、轿壁底座下有缝隙时，应在缝隙处加调整垫片垫实。

（30）轿壁可逐扇安装，也可根据实际情况将几扇先拼在一起后再安装。

（31）先安装轿壁，再安装轿顶。将轿壁和轿顶穿好连接螺栓后，先不紧固，调整轿壁垂直度偏差不大于 1/1000 后，再逐个将螺栓紧固。

（32）安装完后，接缝紧密、间隙一致且嵌条整齐，轿厢内壁应平整一致，各部位螺栓垫圈应齐全、紧固牢靠。

（33）无障碍电梯轿厢的侧壁上应设高 900 ~ 1100mm、带盲文的选层按钮，盲文宜设置于按钮旁。轿厢的三壁上应设高 850 ~ 900mm 的扶手。轿厢正面高 900mm 处至顶部应安装镜子或采用有镜面效果的材料。

（34）门机的安装应按照制造单位的要求进行，并应做到位置正确，运转正常，底座牢固，且运转时无颤动、异响及剐蹭。

（35）安装安全触板（或光幕）后应对其进行调整，确保其垂直。

（36）轿门全部打开后，安全触板端面和轿门端面应在同一垂直平面上。

（37）安全触板的动作应灵活，功能可靠；其碰撞力不大于 5N，光幕的工作表面应清洁，功能应可靠。

（38）安装并调整轿门门扇和开关门机构后，安装开门刀。

（39）开门刀端面和侧面的垂直偏差全长均不大于 0.5mm，且应达到制造单位规定的其他要求。

（40）轿厢与面对轿厢入口的井道壁的间距不大于 150mm，局部高度不大于 500mm；若采用垂直滑动门的载货电梯，该间距可增加到 200mm。

（41）当轿厢装有机械锁紧的门且门只能在开锁区内打开时，上述间距不受限制。轿厢在锁紧元件啮合不小于 7mm 时方可启动。

（42）轿顶接线盒、槽盒、电线管、安全保护开关等应按制造单位安装图安装。若无安装图根据便于安装和维修的原则进行布置。

（43）安装、调整开门机构和传动机构，使门在开启与关闭过程中应有合理的速度变化，且能在起止端不发生冲击，并符合制造单位的有关设计要求。制造单位无明确规定时，按照使其传动灵活、功能可靠的原则进行调整。

（44）开关门时间要求如表 3-4 所示。

表 3-4　开关门时间要求

开门宽度 B（mm）		B ≤ 800	800<B ≤ 1000	1000<B ≤ 1100	1100<B ≤ 1300
中分	开关门时间 ↗	3.2s	4.0s	4.3s	4.9s
旁开		3.7s	4.3s	4.9s	5.9s

（45）当井道壁距轿顶外侧边缘水平方向有超过 300mm 的自由距离时，轿顶应架设护栏。

（46）护栏应由扶手、100mm 高护脚板和位于护栏高度一半的中间护栏组成。

（47）当护栏扶手内侧边缘与井道壁之间的水平净距离不大于 500mm 时，扶手高度不小于 700mm；当该距离大于 500mm 时，扶手高度不小于 1100mm。

（48）护栏应装设在距轿顶边缘最大为 150mm 之内，且其扶手外侧边缘与井道中的对重、开关、导轨、支架等任何部件之间的水平距离应不小于 100mm。

（49）在护栏顶部的任意点垂直施加 1000N 的水平静力，弹性变形不应大于 50mm。

（50）在安装护栏时，应对护栏各连接螺栓加弹簧垫圈紧固以防松动；护栏上有关于俯伏或斜靠护栏危险的警示符号或须知。

（51）平层感应器和开门感应器应根据感应铁的位置定位调整，且应横平竖直，各侧面应在同一垂直平面上，其垂直偏差不大于 1mm。

（52）每一轿厢地坎上均应设置护脚板，护脚板的宽度应至少等于对应层站入口的整个净宽度。

（53）护脚板垂直部分以下应以斜面延伸，斜面与水平面的夹角应至少为 60°，该斜面在水平面上的投影深度不应小于 20mm。

（54）护脚板垂直部分的高度不应小于 750mm。

（55）护脚板应能承受从层站向护脚板方向垂直作用于护脚板垂直部分的下边沿的任何位置，并且均匀地分布在 $50mm^2$ 的圆形（或正方形）面积上的 300N 的静力，同时永久变形应不大于 1mm，弹性变形应不大于 35mm。

（56）护脚板安装应垂直、平整、光滑、牢固；可增加固定支撑，以保证电梯运行时不抖动，且应防止与其他部件摩擦撞击。

（57）轿厢内扶手、照明灯具、风扇、对讲、紧急报警装置、应急灯、视频监控等其他部件的安装，可根据各自的位置进行。

5.3　轿厢施工质量验收检查要点

（1）轿厢地坎与层门地坎间距应为 30 ~ 35mm 或符合制造单位的规定。

（2）轿门门刀与层门地坎的间隙，层门锁滚轮与轿厢地坎的间隙，均应不小于 5mm。

（3）轿厢应组装牢固，轿壁结合处应平整，开门侧壁的垂直度偏差不大于 1/1000，轿厢应洁净、无损伤。

（4）刚性结构应能保证电梯正常运行，且轿厢两导轨端面与两导靴内表面间隙之和为（2.5±1.5）mm。

（5）弹性结构应能保证电梯正常运行，且导轨顶面和导靴滑块面无间隙，导靴弹簧的伸缩范围不大于 4mm。

（6）滚轮导靴应不歪斜，压力均匀；按说明书规定调整，中心应接近一致，且在整个轮缘宽度上与导轨工作面均匀接触。

（7）门扇应平整、洁净，无损伤；启闭轻快、平稳；中分式门在关闭时，上、下部应同时闭合，门缝一致。

（8）安全钳楔块面与导轨侧面间隙应为 3 ~ 4mm，各间隙相互差值不大于 0.5mm。当制造单位有要求时，应按制造单位的要求进行调整。

（9）安全钳钳口与导轨顶面间隙在 3 ~ 4mm，间隙差值不大于 0.5mm。当制造单位有要求时，应按制造单位的要求进行调整。

（10）检查超载开关应最迟在轿厢内的载荷超过 110% 额定载重量时动作，应能防止电梯正常启动及再平层，并且轿内有音响或者发光信号提示，动力驱动的自动门完全打开，手动门保持在未锁状态。

（11）碰铁安装应垂直，垂直偏差不大于 1/1000，最大偏差不大于 3mm，碰铁的斜面除外。

5.4 轿厢施工注意事项

（1）轿厢组件应放置于防雨、非潮湿处。

（2）轿厢组装完毕，应尽快挂好层门，非工作人员不得出入。

（3）在交工前，轿门、轿壁的保护膜除弯折部分不应撕下，必要时可加薄木板、牛皮纸等保护层，工作人员在离开时应锁好梯门。

（4）安装立柱时，立柱应自然垂直。若达不到要求，应在上、下梁和立柱间增加垫片进行调整，不应强行安装。

（5）将轿厢底盘调整水平后，轿厢底盘与底盘座之间、底盘座与下梁之间的连接处应接触严密，若存在缝隙，应用垫片垫实，不应使斜拉杆过分受力。

（6）斜拉杆应上双螺母并拧紧，轿厢各连接螺栓应紧固，垫圈齐全。

（7）轿厢对重全部装好且钢丝绳安装完毕后，拆除上端站所架设的支撑轿厢的横梁和对重的支撑前，应先将限速器、限速钢丝绳、张紧装置、安全钳拉杆、安全钳开关等装接完成。

（8）在安装轿厢的过程中，当需将轿厢整体吊起后用手拉葫芦悬空或停滞较长时间时，应用两根钢丝绳做承载，使手拉葫芦处于完全不承担荷载的状态。

（9）为防止冲击钻、电锤的噪声对作业人员造成听力损伤，可为其配备耳塞。

6 电梯层门施工与质量验收检查要点

6.1 层门施工准备要求

（1）施工工具主要包括台钻、手电钻、电锤、电焊工具、榔头、錾子、漆刷等。

（2）测量工具主要包括水平尺、钢板尺、直角尺、钢卷尺、线坠、斜塞尺等。

（3）施工材料及要求：层门部件应与图纸相符，数量齐全。门锁装置应有出厂合格证及型式试验报告结论副本。地坎、门导轨、层门扇应无变形、损坏。其他各部件应完好无损，功能可靠。当电梯层门为耐火层门时，耐火极限不应低于 1h，同时电梯制造单位应提供电梯层门耐火检验报告。

（4）电梯层门施工作业条件如下。

1）各层脚手架横杆不应妨碍层门安装。

2）各层层门口及脚手板上应干净、无杂物。

3）防护门应安全可靠。

4）各层层门口土建墙壁上，应有土建提供并确认的楼层装饰标高线。

5）对层门各部件进行检查，发现不符合要求处应及时修整；对转动部分应进行清洗加油，做好安装准备。

6.2　层门施工工艺

（1）层门施工流程如图 3-9 所示。

| 安装地坎 | → | 安装门立柱、门上坎、门套 | → | 安装、调整层门门扇 | → | 安装、调整层门锁 |

图 3-9　层门施工流程

（2）放两根层门安装基准线，依据基准线确定地坎及支架的安装位置。

（3）额定载重量 1000kg（含）及以下的电梯，宜采用不小于 75mm×75mm×7mm 的角钢做支架进行焊接，并稳装地坎。牛腿支架不少于 3 个，制造单位有要求的依其要求。

（4）额定载重量在 1000kg（不含）以上的电梯，宜采用 10mm 的钢板及槽钢制作牛腿支架进行焊接，并稳装地坎。牛腿支架不少于 5 个，制造单位有要求的依其要求。

（5）在依据基准线安装地坎的过程中，应用校正好的轿厢导轨检验层门地坎安装位置。

（6）按制造单位产品要求安装门套、门立柱、门上坎，并调整水平度、垂直度和相应位置。电梯层门安装示意如图 3-10 所示。

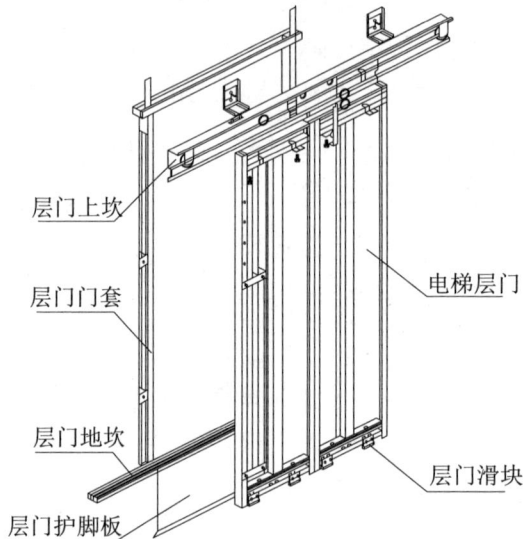

层门上坎

层门门套

电梯层门

层门地坎

层门滑块

层门护脚板

图 3-10　电梯层门安装示意

（7）用水平尺测量门导轨水平，侧开门的两根门导轨上端面应在同一水平面上，用门口样线检查门导轨中心与地坎槽中心的水平距离，应符合图纸要求，偏差不大于 1mm。

（8）检查门导轨的垂直度及门上坎的对中情况，用线坠调整门立柱的垂直度，确认合格后紧固门立柱、门上坎支架、门上坎及地坎之间的连接螺栓。

（9）用门口样线校正门套立柱的垂直度，确定全高对应垂直一致后将门套与门上坎之间的连接螺栓紧固；采用钢筋将打入墙中的钢筋和门套加强板进行焊接固定，应将钢筋弯成弓形后再焊接，以免焊接变形导致门套变形。

（10）清除层门门套焊接部分的焊渣和层门口两侧井道墙壁上的水泥块、砖块（用榔头）等凸出物，并清理地坎槽内的杂物。

（11）将门吊板上的偏心轮调到最大值并将门吊轮挂到门导轨上，调小偏心轮与门导轨的间距，防止门吊板坠落。

（12）门扇之间及门扇与立柱、门楣和地坎之间的间隙，乘客电梯不大于 6mm，载货电梯不大于 8mm。

（13）层门入口净宽度比轿厢入口净宽度在任一侧的超出部分均不应大于50mm。

（14）安装门锁前应对门锁进行检查、调整，应使其灵活可靠。

（15）层门锁和副门锁开关应按图纸规定的位置进行安装。当设备上的安装螺孔不符合图纸要求时应进行修改。

（16）只有当两扇门（或多扇门）关闭，达到有关要求后，门锁电触点和副门锁开关方可接通。

（17）应先接通副门锁开关，再接通层门锁电触点。

（18）当门锁固定螺孔可调时，螺栓应加平垫片、弹簧垫片且连接紧固，防止门锁移位。

（19）当轿门与层门联动时，钩子锁应无脱钩及夹刀现象；在开关门时应运行平稳，无抖动和撞击声。

（20）在门扇装完后，应将强迫关门装置装上，使层门具有自闭功能；当轿厢在开锁区域之外时，应安装确保该层门关闭和锁紧的装置。

（21）层门手动紧急开锁装置应灵活可靠且每个层门均应设置此装置，层门开启后三角锁应能自动复位。

（22）每个层门地坎下的电梯井道壁应形成一个与层门地坎直接连接的垂直表面，其高度不应小于1/2的开锁区域加上50mm，宽度不小于层门入口的净宽度，两边各加上25mm。

（23）该井道壁应连接下一个层门的门楣，或采用坚硬、光滑的斜面向下延伸，斜面与水平面的夹角至少为60°，斜面在水平面上的投影深度不应小于20mm。

6.3　层门施工质量验收检查要点

（1）层门导轨中心与地坎槽中心的水平距离及导轨本身的铅垂度偏差不应大于0.5mm。

（2）在水平移动门和折叠门主动门扇的开启方向，以150N的人力施加在一个最不利的点，门的间隙允许增大，旁开门间隙不大于30mm，中分门间隙总和不大于45mm。

（3）门扇的安装、调整应达到平整、洁净、无损伤。

（4）门扇启闭轻快平稳，无噪声，无摆动、撞击和阻滞。

（5）中分门在关闭时上下部同时合拢，门缝一致。

（6）层门框架立柱的垂直度偏差和层门导轨的水平度偏差均不应超过1/1000。

（7）层门闭合后，层门锁能锁紧层门，锁紧元件啮合尺寸不小于7mm（见图3-11）才能启动电梯，锁紧动作由重力、永久磁铁或者弹簧来产生和保持，即使永久磁铁或者弹簧失效，也不能导致开锁。

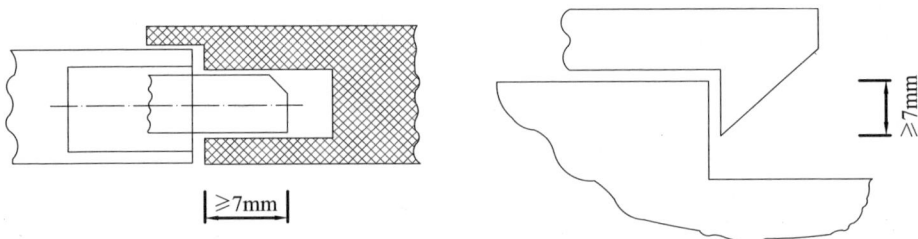

图3-11　电梯层门锁紧元件啮合尺寸示意

（8）层门闭合后，门锁电气装置接触应良好，手动扒门时不应使触点断开。

（9）门扇与门扇的间隙、门扇下端与地坎面的间隙、门套与门扇的间隙，客梯不大于6mm，货梯不大于8mm。

（10）层门地坎及门套安装的尺寸要求、允许偏差和检验方法应符合表3-5所示。

表3-5　层门地坎及门套安装相关要求

项次	项目	尺寸要求或允许偏差	检查方法
1	层门地坎高出最终地面（mm）	2~5	尺量检查
2	层门地坎水平度	1/1000	尺量检查
3	层门门套垂直度	1/1000	吊线、尺量检查
4	中分门关闭时缝隙不大于（mm）	2	尺量检查

6.4　层门施工注意事项

（1）在固定钢门套时，钢筋应焊接在门套的加强板上，不应在门套上直接焊接。

（2）所有焊接连接和膨胀螺栓固定的部件应牢固可靠。砖墙上不应采用膨胀螺栓固定。

（3）层门各部件不应有损伤、变形。

（4）层门上坎与井道固定连接件，在层门调整合格后，应固定牢固，不得位移。

（5）应做好清除焊渣、除锈防腐工作，不得遗漏。

（6）冲击钻、电锤产生的粉尘，会造成肺部损伤，需配备防护用具，并加强通风。

7　电梯钢丝绳施工与质量验收检查要点

7.1　钢丝绳施工准备要求

（1）施工工具主要包括电焊机、榔头、断线钳、扳手、大绳等。

（2）测量工具主要包括钢卷尺、测力计等。

（3）施工材料及要求：钢丝绳规格型号应符合设计要求及现行国家标准《电梯用钢丝绳》（GB 8903）的规定，绳头杆及其组件的数量、质量、规格应符合设计要求。

（4）电梯钢丝绳施工作业条件如下。

1）在安装钢丝绳前，应先确认对重架及轿厢框架已经组装完成，且绳头板已安装到位。

2）钢丝绳消除应力的场地应洁净、宽敞，保证钢丝绳表面不受污染。

7.2　钢丝绳施工工艺

（1）单绕式钢丝绳施工流程如图 3-12 所示。

确定钢丝绳长度 → 放、断钢丝绳 → 做绳头、挂钢丝绳 → 调整钢丝绳

图 3-12　单绕式钢丝绳施工流程

（2）复绕式钢丝绳施工流程如图 3-13 所示。

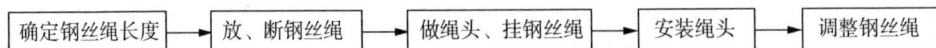

确定钢丝绳长度 → 放、断钢丝绳 → 做绳头、挂钢丝绳 → 安装绳头 → 调整钢丝绳

图 3-13　复绕式钢丝绳施工流程

（3）确定钢丝绳长度。可根据制造单位的电梯土建布置图，结合现场实际情况计算并确认曳引绳长度，应确保对重缓冲距离及轿厢进一步制导行程。

（4）在放、断钢丝绳前，应检查钢丝绳无死弯、锈蚀、断丝等情况，从距钢丝绳断口两端 5mm 处用 20# 铅丝绑扎 15mm 宽度，钢丝绳不应散股。

（5）在做绳头、挂绳前，应先将钢丝绳放开消除内应力。不应对钢丝绳直接进行清洗，防止洗掉润滑油脂。

（6）在单绕式电梯挂绳前，应先做好钢丝绳两端绳头，并将一侧绳头放置在轿顶固定牢固，再将钢丝绳另一绳头绕过曳引轮、导向轮送至对重架上绳头板并固定牢固。

（7）复绕式电梯挂绳方法与单绕式电梯挂绳方法相同，挂绳时应确保钢丝绳头不影响穿绳施工。

（8）在安装自锁紧楔形绳套时，钢丝绳头向下穿出并拉直、弯回，留出足够装入楔块的弧度后，再从绳头套前端穿出。

（9）将楔块放入绳弧处，向下拉紧钢丝绳使楔块卡在绳套内；同时敲击绳套，使楔块在绳套内卡牢。

（10）全部曳引绳安装完毕并调节钢丝绳张力后，安装绳套开口销及钢丝绳卡。

（11）在电梯试运行期间，应再次对钢丝绳张力进行检测和调整。

（12）测量调整绳头弹簧高度，应使其一致，其高度误差不应大于 2mm。

（13）将轿厢停在井道高度的 2/3 处，人站在轿厢顶上，用测力计将各根对重侧钢丝绳横向拉出相同距离，测出各钢丝绳的张力并取其平均值。比较实测值与平均值，其张力差不应大于 5%。

（14）调整钢丝绳张力后，应拧紧绳头上双螺母，穿好开口销钉且销钉尾部开口角度不应小于60°。

（15）防止钢丝绳的侧捻（扭松），应用 $\phi6mm$ 或 $\phi8mm$ 的钢丝绳将各钢丝绳绳套相扎结在一起，用钢丝绳卡连接固定，同时起到安全保护作用。

（16）钢丝绳孔洞均应有高于机房地面50mm以上的圈框。

（17）钢丝绳和圈框内壁之间间隙均应在 20 ～ 40mm 范围内。

7.3　钢丝绳施工质量验收检查要点

（1）应将钢丝绳擦拭干净，钢丝绳不应有死弯、松股、锈蚀、断丝等现象。

（2）各钢丝绳的张力相互差值不大于 5%。

（3）钢丝绳、绳头组件等在运输、保管及安装过程中，不应有机械性损伤。不应在露天或潮湿的地方放置。曳引绳应保持清洁。

（4）使用电焊时不应损伤钢丝绳，不应将钢丝绳作导线使用。

7.4　钢丝绳施工注意事项

（1）断绳时不应使用电气焊，不得破坏钢丝绳强度。

（2）断绳时应扣除钢丝绳的伸长量。

（3）安装悬挂钢丝绳前，应使钢丝绳自然垂直于井道。

（4）曳引绳应采用编码法用黄漆做平层标记，曳引机座上应做中文标志，对应的平层标记表应悬挂在机房明显位置。

（5）在钢丝绳受污染时应使用专用清洗剂进行清洁。

（6）进行钢丝绳作业时，应佩戴手套。

8　电梯机房机械设备施工与质量验收检查要点

8.1　电梯机房机械设备施工准备要求

（1）施工工具主要包括电焊机、油枪、手拉葫芦、钢丝绳扣、扳手、榔头、撬杠、钢锯、电锤、螺丝刀等。

（2）测量工具主要包括水平尺、线坠、钢板尺、钢卷尺、塞尺等。

（3）施工材料及要求如下：机房机械设备的规格、型号、数量应符合图纸要求，设备外观应完好无损。限速器应有型式试验报告结论副本。承重钢梁和各种型钢的规格、型号、尺寸应符合设计要求。在采用钢板制作曳引机基座时，钢板厚度不应小于20mm。限速器基座使用的钢板厚度不应小于12mm，钢板表面应平整、光滑。安装用的螺栓、膨胀螺栓、防锈漆等规格、标号应符合设计要求。

（4）电梯机房机械设备施工作业条件如下。

1）机房的预留孔洞应按照电梯土建布置图完成。

2）机房门应为外开防火门，且钥匙应由专人保管。

3）机房窗户应能锁闭，且密封、防雨防尘。

4）机房应设计有通风设施，宜优先设计安装空调设备，室内温度应保持在5～40℃。

5）机房地面应平整，机房内不应安装与电梯无关的设备、管道等。

6）机房应设置永久性电气照明装置及电源插座。照明开关应设在门口附近，机房内照度不应小于200lx。

7）机房顶部应按有关标准设置承重吊钩，并标注最大吊重。

8）当机房地面高度不一且相差大于500mm时，应设置楼梯或符合规定的固定的梯子，并设置护栏。

9）机房屋顶涂料、墙体装饰面、室内地面、门窗等应施工完毕，且有固定的机房照明。

10）机房不应具有用于电梯以外的其他用途，也不应设置非电梯用的槽盒、电缆或装置。

11）机房墙面油管孔洞预留位置、尺寸及防水等应符合设计图纸要求。

12）进入机房的门高度不应小于2000mm，宽度不应小于600mm，且门不得向房内开启。

13）门应当装有带钥匙的锁，开启后不使用钥匙也能关闭并锁住；即使在锁闭状态，不用钥匙，在机房内也可打开。

8.2 电梯机房机械设备施工工艺

（1）机房机械设备施工流程如图 3-14 所示。

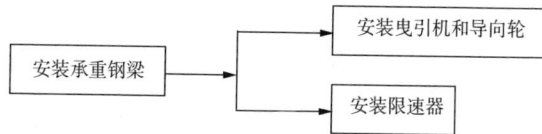

图 3-14 机房机械设备施工流程

（2）按安装图确定承重钢梁位置。

（3）安装曳引机承重钢梁时，应符合现行国家标准《电梯工程施工质量验收规范》（GB 50310）中的相关规定，其两端应放于井道承重墙或承重梁上，埋入承重墙内支撑长度应超过墙中心至少 20mm 且支撑长度不应小于 75mm，作业时应由相关方确认后方可进行隐蔽；曳引机承重钢梁与承重墙或承重梁应找平垫实。曳引机安装示意如图 3-15 所示。

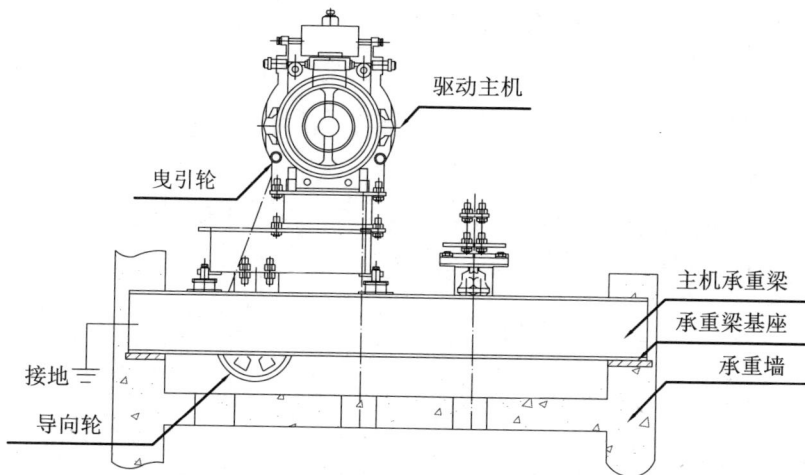

图 3-15 曳引机安装示意

（4）使用螺栓连接设备与钢梁时，应按钢梁规格在钢梁翼下配合适斜垫，不应使用气割、电焊等切割圆孔或长孔，应用电钻钻孔。

（5）曳引机承重钢梁安装找平、找正后，承重钢梁两端应焊牢，用混凝土灌实抹平。

（6）曳引机减震件的数量、位置应按制造单位的要求布置安装。减震胶垫应按规定找平垫实。

（7）曳引机底座与承重梁在安装时应加装减震垫。

（8）单绕式曳引机和导向轮安装位置的确定方法如下：在机房上方沿对重和轿厢中心拉一条水平线（钢丝），线上挂两根垂线，以确定曳引机位置和导向轮位置。

（9）安装复绕式曳引机和导向轮应根据引向轿厢或对重的绳槽，确定曳引轮和导向轮的拉力作用中心点。

（10）复绕式曳引机和导向轮安装位置的确定方法如下：当导向轮及曳引机已由制造单位组装在同一底座上时，移动底座使曳引轮作用中心点吊下的垂线对准轿厢或轿厢轮中心点，使导向轮作用中心点吊下的垂线对准对重或对重轮中心点，即可确定安装位置，再固定底座。

（11）在吊装曳引机时，吊装钢丝绳应穿在曳引机底座吊装孔上，不应绕在电动机轴上或吊环上。

（12）当曳引机底座采用防震胶垫，未挂曳引绳时，曳引轮外端面应向内倾且倾斜值可根据曳引机轮直径及载重量确定，宜为 1 ~ 2mm。待曳引轮挂绳承重后，再检测曳引机水平度和曳引轮垂直度且应满足相关标准要求。

（13）安装调整曳引机后，应将曳引机与底座的连接螺栓用双螺母锁紧。

（14）限速器钢丝绳的预留孔洞位置应符合制造单位图纸要求，并将限速器和底座用螺栓固定。限速器安装示意如图 3-16 所示。

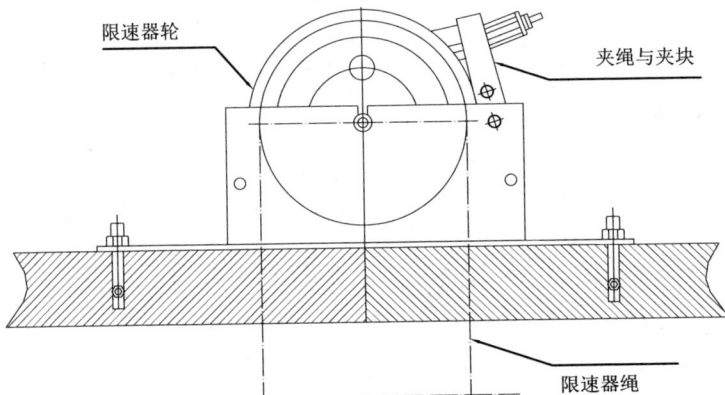

图 3-16　限速器安装示意

（15）可通过在限速器底座设一块钢板作为基础板，将其固定在承重钢梁上；用螺栓固定钢板与限速器底座，用螺栓或焊接固定钢板与承重钢梁。

（16）限速器轮轮缘端面相对水平面的垂直度偏差不宜大于 2/1000，应在限速器底面与底座间加垫片进行调整操作。

（17）限速器就位后，绳孔应穿过导管（钢管）固定，钢丝绳和导管的内壁均应有不小于 5mm 的间隙。

（18）限速器绳孔洞均应有高于机房地面 50mm 以上的圈框。

（19）限速器上应标明与电梯相应的运行方向。

8.3　电梯机房机械设备施工质量验收检查要点

（1）曳引机承重钢梁的两端应放于井道承重梁或墙上；承重钢梁端应超过墙中心 20mm，伸入墙内长度不应小于 75mm。

（2）承重钢梁水平度偏差不大于 1/1000，横向水平偏差小于 0.5mm；距中心线偏差小于 3mm，相互水平偏差小于 1mm。

（3）曳引轮和导向轮轮缘端面相对水平面的垂直度在空载或满载工况下均不宜大于 4/1000。

（4）限速器绳轮、导向轮安装应牢固，转动灵活。

（5）曳引机底座水平度偏差均不应大于 1/1000。

（6）制动器闸瓦应抱合紧密，动作灵活；松闸时同步离开间隙均匀，且两侧四角间隙均不大于 0.7mm。

（7）通过曳引轮（或导向轮）中心线切点的垂线和通过轿厢中心的垂线偏差，曳引轮（或导向轮）轮缘端面相对水平面的垂直度在空载或满载工况下均不宜大于 4/1000，设计上要求倾斜安装除外。

（8）在电梯正常运行时，限速器钢丝绳不应触及夹绳制动块且不应有死弯及断丝现象。

（9）在曳引机盘车手轮、曳引轮、限速器轮处，应明显标出电梯运行的上下方向。

8.4 电梯机房机械设备施工注意事项

（1）机房的机械设备在运输、保管和安装过程中不应受潮、碰撞。

（2）机房的门窗应齐全、牢固，机房应上锁，非有关人员不得进入机房。

（3）现场施工用电、照明用电应符合现行行业标准《建筑与市政工程施工现场临时用电安全技术标准》（JGJ/T 46）的相关规定，正确使用防护用品、用具。

（4）施工用电焊时，应按要求开具动火证并配备消防用品及专人看火。

（5）机房预留孔洞应采取遮挡措施，防止人员及物品坠落。

（6）隐蔽工程完成后，应经检查合格后方可进行下一道工序。

（7）在曳引机调试中，发现有异常现象需拆开检修调整时，应由制造单位来人检查处理，不应私自拆卸。

（8）限速器铅封应完好无损。

（9）在安装过程中，曳引机承重钢梁应正确放置在承重梁上，以防止承重钢梁变形。

（10）曳引轮、导向轮、盘车轮、限速器轮等旋转部件外侧均应涂成黄色，制动器手动松闸扳手应涂成红色，紧急操作装置应挂在机房墙上明显位置。

9 电梯其他辅助设备施工与质量验收检查要点

9.1 电梯其他辅助设备施工准备要求

（1）施工工具主要包括电焊机、扳手、套筒扳手、榔头、錾子、钢丝钳、线坠等。

（2）测量工具主要包括钢卷尺、水平尺、钢板尺等。

（3）施工材料及要求：各部件的规格、型号、数量应符合有关要求，外观无损伤且具有产品合格证。液压缓冲器活塞杆表面应无锈蚀且备有防尘罩。补偿绳（链）不应存在影响安全使用的缺陷。穿绳型补偿链应按要求穿好消音绳。各设备的活动部件应活动灵活且功能可靠。地脚螺栓、膨胀螺栓及其他各连接螺栓的规格、质量均应符合有关规定，并配齐各种规格金属垫片。

（4）电梯其他辅助设备施工作业条件如下。

1）井道施工应采用 36V 及以下的低压电照明，每部电梯井道应单独供电，采用独立开关控制，且光照亮度应满足设计及使用要求。

2）各层层门应安装完毕且调整好，门锁作用应安全可靠。

9.2 电梯其他辅助设备施工工艺

（1）其他辅助设备施工流程如图 3-17 所示。

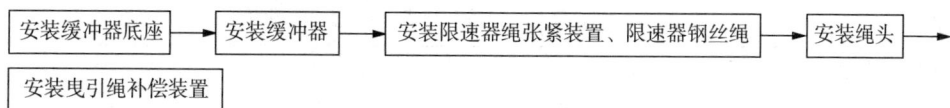

图 3-17 其他辅助设备施工流程

（2）测量底坑深度，按制造单位图纸确认缓冲器的安装位置及安装高度，并进行试组装。

（3）应同时考虑缓冲器的中心位置、垂直偏差、水平度偏差等指标。可采用以下方法确定缓冲器的中心位置：在轿厢（或对重）撞板中心放一线坠，使缓冲器中心对准线坠来确定缓冲器的位置，两者在任何方向的偏移都不应超过 20mm。电梯缓冲器安装示意如图 3-18 所示。

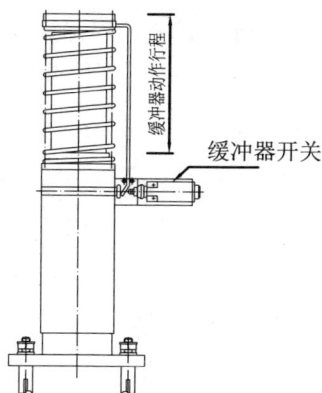

图 3-18 电梯缓冲器安装示意

（4）用水平尺测量缓冲器顶面，其水平度偏差不应大于 4/1000。

（5）作用于轿厢（或对重）的缓冲器由两个组成一套时，两个缓冲器顶面应在一个水平面上且相差不应大于 2mm。

（6）液压缓冲器的活塞柱垂直度偏差不大于 5/1000。

（7）应按要求将缓冲器底座安装在混凝土或型钢基础上，接触面应平正严实，采用金属垫片找平时，其面积不应小于底座的 1/2，应紧固地脚螺栓，露出 3 ~ 5 扣丝扣，加弹簧垫或用双螺母锁固螺母。

（8）安装限速器张紧装置，其底部距底坑平面距离应符合制造单位的要求（见表 3-6）。

表 3-6　限速器张紧装置底部距底坑地面距离

电梯额定速度（m/s）	$v \geqslant 1.75$	$1.0 < v \leqslant 1.75$	$v \leqslant 1.0$
距底坑地面距离（mm）	750 ± 50	550 ± 50	400 ± 50

（9）根据现场实际情况测量并确定限速器钢丝绳的长度，将绳头与安全钳拉杆连接固定，做绳头的方法与曳引绳绳头相同。

（10）限速器钢丝绳与电梯导轨的距离 a、b 在整个高度上的偏差不应超过 10mm，其中 a 为钢丝绳至导轨纵向对称面的垂直距离，b 为钢丝绳至导轨底平面的垂直距离。

（11）将补偿链（绳）放置于底坑后，将轿厢慢车运行到底坑上方适当位置。

（12）将补偿链（绳）在轿厢上安装、固定完毕并校核无误后，将轿厢慢车运行到最高层站。

（13）将补偿链（绳）自然悬挂消除扭力后，再进行在对重上安装。

（14）补偿链（绳）距离底坑地面距离应在 100mm 以上。

（15）补偿链（绳）不应与其他部件相碰撞。

（16）补偿链（绳）应用不小于 $\phi 6mm$ 的钢丝绳做二次保护，且二次保护装置不应与补偿链（绳）固定在同一受力点。

（17）对于额定速度不大于 3.0m/s 的电梯，可采用链条、绳或带作为补偿装置。

（18）对于额定速度大于 3.0m/s 的电梯，应使用补偿绳作为补偿装置，并采用符合规定的电气安全装置检查补偿绳的张紧状态。

（19）对于额定速度大于 3.5m/s 的电梯，还应增设防跳装置。在防跳装置动作时，符合规定的电气安全装置应使电梯驱动主机停止运转。

（20）对于额定速度大于 1.75m/s 的电梯，未张紧的补偿装置应在转弯处附近进行导向。

9.3　电梯其他辅助设备施工质量验收检查要点

（1）限速器安全开关应动作可靠。

（2）当限速绳张紧装置下落大于 50mm 时，应保证张紧装置电气开关动作。

（3）补偿链（绳）、限速绳、曳引绳、随行电缆及其他运动部件在运行中不应与其他任何部位碰撞或摩擦。

（4）限速绳张紧装置应保证钢丝绳拉直，防止误动作。

（5）缓冲器安装允许偏差应符合表 3-7 所示。

表 3-7　缓冲器安装允许偏差

项次	项目	允许偏差或尺寸要求	检查方法
1	缓冲器中心距轿厢（或对重）撞板中心	≤20mm	吊线、尺量检查
2	两个缓冲器顶面（组成一套时）应在同一水平面上	≤2mm	尺量检查
3	缓冲器顶面水平度	≤4S/1000mm	尺量检查
4	缓冲器活塞柱垂直度	≤5‰	吊线、尺量检查

9.4　电梯其他辅助设备施工注意事项

（1）应防止杂物向井道内坠落，以免砸伤电梯部件。

（2）液压缓冲器应有防尘措施。

（3）应注意保护装好的机械部件，保证其外观平整光洁、无划伤及撞伤痕迹。

（4）现场施工用电、照明用电应符合现行行业标准《建筑与市政工程施工现场临时用电安全技术标准》（JGJ/T 46）的规定，正确使用防护用品、用具。

（5）施工用电焊时，应按要求开具动火证，并配备看火人及消防用品。

（6）张紧轮及缓冲器的开关功能应可靠。

（7）限速器绳应无断丝、锈蚀、油污及死弯现象。

（8）在使用前应保证液压缓冲器的油路畅通，并按制造单位说明书要求注入指定液压缓冲器油。

（9）液压缓冲器在完全压缩后的复位时间不应大于120s。

（10）清理底坑油漆及杂物，严禁吸烟，预防火灾。

10 电梯电气装置施工与质量验收检查要点

10.1 电梯电气装置施工准备要求

（1）施工工具主要包括电焊机、电焊工具、电锤、电烙铁、扳手、钢锯、榔头、开孔器、压线钳、电钻、漆刷、对讲机、剥线钳等。

（2）测量工具主要包括线坠、钢板尺、水平尺、钢卷尺、万用表、绝缘电阻测试仪、接地电阻测试仪等。

（3）施工材料及要求如下：槽钢、角钢、膨胀螺栓、螺丝、电焊条、尼龙卡带、绝缘带、黑胶布、槽盒等的规格、性能应符合图纸及使用要求。各电气设备及部件的规格、型号、质量应符合有关要求，各种开关应动作灵活可靠，控制柜应具备型式试验报告。

（4）电梯电气装置施工作业条件如下。

1）机房、井道的土建施工包括粉刷等工作已完成，机房门窗应装配齐全。

2）机房、井道的照明应符合有关要求。

3）开慢车进行井道内安装工作时，各层层门关闭，门锁良好、可靠，层门确保不可用手扒开。

4）制动器应调整完毕。

5）限速器安全钳应安装完毕，联动可靠。

6）动力电路、照明电路和电气安全装置电路的绝缘电阻应符合规定。

10.2 电梯电气装置施工工艺

（1）电气装置施工流程如图3-19所示。

```
┌──────────────┐                    ┌─────────────────────────────┐
│  安装控制柜   │────────┐          │  配管、配线槽及金属软管      │
└──────────────┘        │          ├─────────────────────────────┤
                        │     ┌───▶│  安装缓速开关、限位开关、极限开关 │───┐
                        │     │    ├─────────────────────────────┤   │    ┌──────────┐
┌──────────────┐        │     ├───▶│  安装平层感应装置            │───┤    │ 导线敷设及│
│  安装电源箱   │────────┼─────┼───▶│  安装层站指示器、按钮、操作盘 │───┼───▶│ 接、焊、  │
└──────────────┘        │     ├───▶├─────────────────────────────┤   │    │ 包、压头  │
                        │     │    │  安装底坑检修盒              │───┤    └──────────┘
                        │     ├───▶├─────────────────────────────┤   │
┌──────────────────────┐│     │    │  安装井道照明                │───┤
│安装随行电缆架、挂随行电缆│┼─────┼───▶├─────────────────────────────┤   │
└──────────────────────┘      └───▶│  安装速度反馈装置            │───┘
                                    └─────────────────────────────┘
```

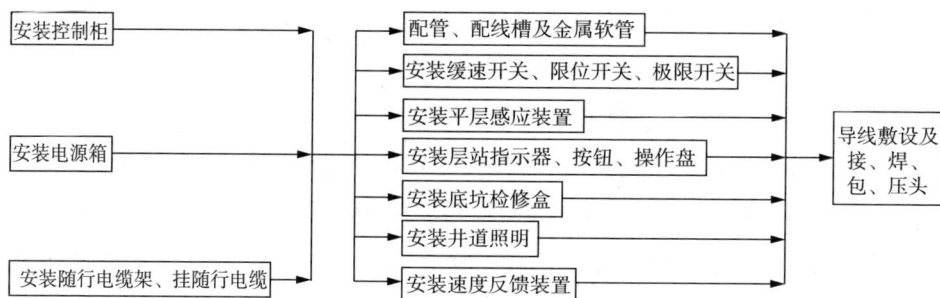

图 3-19 电气装置施工流程

（2）在控制柜（控制屏）前应有一块净空面积，该面积的深度，从控制柜（屏）的外表面测量时不应小于 700mm，宽度应为 500mm 或控制柜（屏）全宽的较大值。

（3）对运动部件进行维修和检查，在必要的地点及需要人工紧急操作的地方，应有一块不小于 500mm×600mm 的水平净空面积。

（4）控制柜应与机房地面固定。

（5）安装多台控制柜时均可观察到相应曳引机的工作状态。

（6）安装电源配电箱时，电源配电箱应安装在机房门口附近，底边距地宜 1300 ~ 1500mm。

（7）安装随行电缆架应符合下列规定：

1）固定随行电缆架应按照制造单位图纸的要求安装，保证其牢固。

2）随行电缆架固定位置应超过井道总高度的 1/2 加 1.5m 处，防止电梯轿厢冲顶时造成随行电缆发生抻拉损坏。

3）安装随行电缆架时，应保证随行电缆在运行中不与井道内部件发生剐蹭。

4）轿底电缆架的安装方向应与井道随行电缆架一致；轿厢压缩缓冲器后，电缆不应与底坑地面和轿厢底边框接触。

（8）悬挂随行电缆应符合下列规定：

1）随行电缆的长度应根据井道高度加上两头电缆支架绑扎长度及接线余量确定；应保证随行电缆在轿厢蹲底和冲顶时不得拉紧，在正常运行时不剐蹭轿厢，轿厢压缩缓冲器后，随行电缆不应与底坑地面和轿厢底边接触。

2）安装随行电缆前，应将电缆自由悬挂，消除内应力，不应有打结和波浪扭曲现象，其弯曲半径应符合制造单位的要求。

3）可重叠安装扁平型随行电缆，重叠根数不应超过3根；每两根之间应保持30～50mm的活动间距；应使用楔形插座或专用卡子固定扁平型电缆。

4）当随行电缆距导轨支架过近时，为防止随行电缆损坏，宜自底坑向上在每个导轨支架外角处至高于井道随线架之间采取保护措施。

（9）电梯机房或滑轮间不应用于电梯以外的其他用途，也不应设置非电梯用的线槽、电缆或装置。

（10）在敷设线槽、线管前，应放好基准线，安装后应横平竖直、接口严密、槽盖齐全、平整无翘角。

（11）应该分开敷设动力线与控制线，当在同一线槽内敷设动力线与控制线时，应做隔离处理，避免控制线路信号受到干扰。电梯制造单位有明确要求的，应严格按照制造单位线路敷设要求施工。

（12）线槽拐弯处、线管出口处应按要求加装橡胶套，对线路进行有效保护。

（13）软管固定间距不应大于1000mm，端头固定间距不应大于100mm。

（14）线槽内导线总截面积不应大于槽内净截面积的60%，线管内导线总截面积不应大于管内净截面积的40%。

（15）应将配线绑扎整齐，并有清晰接线编号。

（16）安装碰铁应无扭曲、变形，碰铁表面应平整光滑；安装后调整其垂直度至偏差不大于1/1000，最大偏差不大于3mm，碰铁的斜面除外。

（17）强迫减速开关、限位开关、极限开关的安装及要求应符合下列规定：

1）在井道两端安装强迫减速开关，电梯失控冲向端站时，应先碰触强迫减速开关；电梯顺方向停止运行，可反方向启动运行。

2）极限开关应在轿厢或者对重接触缓冲器前起作用，且在缓冲器被压缩期间保持其动作状态；强制驱动电梯的极限开关动作后，应以强制的机械方法直接切断驱动主机和制动器的供电回路；开关安装应牢固，不应焊接固定，安装后进行调整，使其动作可靠。

（18）安装平层感应装置应符合下列规定。

1）装在轿厢上的平层感应装置安装应横平竖直，各侧面应在同一垂直面上，其垂直度偏差不大于 1mm。

2）安装隔磁板应保证其垂直，偏差不大于 1/1000，隔磁板插入位置、插入深度应符合制造单位的要求。

3）调节隔磁板后螺栓应可靠锁紧，电梯在正常运行时不应与感应器产生剐蹭、碰撞。

4）安装完毕并启用感应装置时，应取下封闭磁路板。

5）当不同的电梯制造单位采用的感应装置不同时，应根据电梯制造单位的安装手册进行安装。

（19）安装层站显示盒应横平竖直，偏差不大于 1mm；层站显示盒中心与门中心偏差不大于 2mm；呼梯按钮盒应装在距地 1200 ~ 1400mm 处，无障碍电梯呼梯按钮盒应装在距地 900 ~ 1100mm 的墙壁上；群控、集选电梯的召唤盒宜装在两台电梯的中间位置。

（20）在同一候梯厅并列或相对安装 2 台及以上电梯时，各层站指示灯盒的高度偏差不应大于 2mm，各召唤盒的高度偏差不应大于 2mm。

（21）具有消防功能的电梯，应在基站或撤离层设置消防开关；消防开关盒应装在召唤盒的上方，其底边距地面高度宜为 1600 ~ 1700mm，或按设计要求安装。

（22）安装各层站指示灯、召唤按钮及开关的面板，应与墙壁装饰面贴实，不应有明显的凹凸变形和歪斜，并应保持洁净、无损。

（23）固定操纵盘面板可采用螺钉固定或搭扣固定两种形式，操纵盘面板与操纵盘轿壁间的最大间隙应在 1mm 以内。

（24）层站显示、按钮、操纵盘的指示信号应清晰、明亮、准确，不应有漏光、串光现象；按钮及开关应灵活可靠，不应有阻卡现象；消防开关应工作可靠。

（25）安装轿顶停止装置的位置应操作方便，距检查或维修人员入口不应大于 1m。

（26）底坑停止装置应在打开门进入底坑时在底坑地面上可见且容易接近，装置的位置应符合下列规定。

1）底坑深度小于或等于 1600mm 时，停止装置应安装在底层端站地面以上最小垂直距离 400mm，且距底坑地面最大垂直距离 2000mm，距层门框内侧边缘最大水平距离 750mm 处。

2）底坑深度大于 1600mm 时，应设置 2 个停止装置，上部的停止装置设置在底层端站地面以上最小垂直距离 1000mm，且距层门框内侧边缘最大水平距离 750mm 处，下部的停止装置设置在距底坑地面以上最大垂直距离 1200mm 的位置。

3）当通过底坑通道门（非层门）进入底坑时，应在距通道门门框内侧边缘最大水平距离 750mm，距离底坑地面 1100 ~ 1300mm 高度的位置设置一个停止装置。

用膨胀螺栓或塑料胀塞将底坑检修盒固定在井道壁上；检修盒、电线管、线槽之间均应跨接地线。

（27）停止装置应为红色非自动复位的双稳态开关，并标以"停止"字样加以识别，检修盒上各开关、按钮应有中文标志。

（28）应在检修盒上或附近适当的位置装设照明和电源插座，照明应采用 36V 电压并加装控制开关。

（29）井道应设置永久安装的电气照明装置。

（30）井道照明开关或等效装置应分别设置在底坑和主开关附近，以便在这两个地方均能控制井道照明。

（31）照度应符合下列规定：

1）轿顶垂直投影范围内轿顶以上 1000mm 处的照度不小于 50lx。

2）在底坑地面人员可以站立、工作和（或）可以在工作区域之间移动的任何地方，地面以上 1000mm 处的照度不小于 50lx。

3）在规定的区域之外，照度不小于 20lx，轿厢或部件形成的阴影除外。

（32）速度反馈装置轴转动灵活、无异响、无磕碰。

（33）应分开敷设速度反馈装置线缆与主电源线。穿线前应将电线管或线槽内清扫干净，不应有积水及污物；要检查电线管各个管中的护口是否齐全，如有遗漏或破损，均应补齐或更换。

（34）电梯电气安装中的配线应使用额定电压不低于 750V 的铜芯导线。

（35）穿线时不应出现损伤线皮、扭结等现象，并留出适当备用线，其长度应与箱、盒、柜内最长的导线相同。

（36）应按布线图敷设导线，单独敷设电梯的供电电源；分别敷设动力和控制线路，若在同一线槽中敷设时应加隔板。

（37）应在线槽的内拐角处及出入口垫橡胶板等软物，以保护导线；应用尼龙绑扎带将在线槽垂直段的导线绑扎成束，并固定在线槽底板下，以防导线下坠。

（38）在控制盘（柜）压线前应将导线沿接线端子方向整理成束，排列整齐并用尼龙绑扎带绑扎，做到横平竖直，整齐美观，在出入口垫橡胶板等软物，以保护导线。

（39）导线终端应有清晰的线路编号。

（40）用压线钳或涮锡进行导线压接，应压接严实，不得有松脱、虚接现象。

10.3　电梯电气装置施工质量验收检查要点

（1）安全保护开关应位置正确、固定牢固、功能可靠，不应采用焊接方式。

（2）轿厢自动门安全触板、光电保护、关门力限制等应灵活可靠。

（3）应单独敷设电梯的供电电源线。

（4）保护接地（接零）系统应良好，电气设备的金属外壳应有良好的保护接地（接零）。电线管、槽与箱、盒连接处的跨接地线应紧密牢固、无遗漏。

（5）电梯的随行电缆应绑扎牢固、排列整齐、无扭曲，其敷设长度应保证轿厢在极限位置时不受力、不拖地。

（6）机房内的控制屏、柜、盘的安装应布局合理，横平竖直，整齐美观。

（7）配电盘、柜、箱、盒的设备配线应连接牢固，接触良好，包扎紧密，绝缘可靠，标志清楚，绑扎整齐美观。

（8）电线管、槽安装应牢固，无损伤，布局走向合理，出线口准确，槽盖齐全平整，电线管、槽与箱、盒及设备连接正确。

（9）电气装置的附属构架、电线管、槽等非带电金属部分的防腐处理应涂漆均匀、无遗漏。

10.4 电梯电气装置施工注意事项

（1）施工现场应有防范措施，以免设备被盗或被破坏。

（2）应随时清除机房、脚手架上的杂物、尘土，以免杂物坠落井道砸伤设备或影响电气设备功能。

（3）轿内操纵盘及所有的层站指示、召唤按钮的面板应加强保护，防止损伤。

（4）在脚手架上工作时应系安全带，戴安全帽，穿防滑绝缘鞋。

（5）检修运行作业时，工作人员应相互配合，调试时应有呼有应。

（6）槽盒等不应用电气焊切割或开孔。

（7）易受外部信号干扰的电子线路应有防干扰措施。

（8）不应遗漏电线管、槽及箱、盒连接处的跨接地线。使用铜线跨接时，应给连接螺丝加弹簧垫。各接地线应分别直接接到专用接地端子上，不应串接后再接地。

（9）敷设随行电缆前应消除应力，方可固定。

（10）各安全保护开关应固定可靠，安装后不应因电梯正常运行而发生碰撞。

（11）拆除脚手架时应防止坍塌，需要有专业资质及人员施工。

11 电梯试验与试运行施工与质量验收检查要点

11.1 电梯试验与试运行施工准备要求

（1）施工工具主要包括对讲机、试电笔、专用延伸线路板、测试线夹组合螺丝刀、扳子、内六角扳手、套筒螺丝刀、套筒扳手、钢丝钳、斜口钳、扁嘴钳、尖嘴钳、电烙铁、焊锡、试电笔、手电筒等。

（2）测量工具主要包括加速度测试仪、绝缘电阻测试仪、万用表、钳型电流表、数字转速表、声级计、点温计、测力计、深度卡尺、卡尺、钢板尺、钢卷尺、塞尺、砝码等。

（3）施工材料及要求：电梯整梯安装完成，相关土建配合完成。电梯整机型式试验合格证书或报告书内容应能覆盖所提供电梯相应参数。产品质量证明文件中注有制造许可证明文件编号、该电梯的产品出厂编号、主要技术参数、安全保护装置和主要部件的型号及编号等的资料文件应齐全。各元器件出厂编号与安装设备编号应一致。

（4）电梯试验，试运行施工作业条件如下。

1）机房、井道、底坑、轿顶、层门等各部位应清理完毕，孔洞应封堵完毕。

2）电网输入电源电压正常，电压波动在 ±7% 范围内。

3）各安全开关、层门锁闭功能正常，油压缓冲器按要求加油，接地保护良好。

4）机房照明应充足，地面照度不低于200lx。

5）层门口、机房门口、机房孔洞应采取相应的防护措施，以防物体坠落。

6）检查预埋件预留孔洞的位置及几何尺寸。

7）机房温度控制在 5 ～ 40℃，在 25℃时环境相对湿度不应大于85%。

8）电气系统、机械系统应具备运转条件。

11.2　电梯试验与试运行施工工艺

（1）电梯试验与试运行流程如图 3-20 所示。

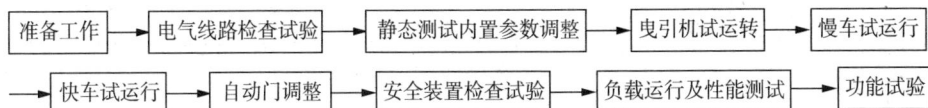

准备工作 → 电气线路检查试验 → 静态测试内置参数调整 → 曳引机试运转 → 慢车试运行

快车试运行 → 自动门调整 → 安全装置检查试验 → 负载运行及性能测试 → 功能试验

图 3-20　电梯试验与试运行流程

（2）随机文件中电气原理图、安装使用维护说明书等有关资料应齐全。

（3）对全部机械设备、电气设备进行清洁除尘；各部位螺栓、平垫、弹簧垫、双螺母、卡圈等安装齐全、紧固，销钉开尾合适。

（4）全部机械设备的润滑系统均应按制造单位规定加好润滑油；冲洗干净齿轮箱，并加好齿轮油。

（5）按照电梯制造单位随机文件提供的电气原理图、接线图进行接线检查。

（6）所有电气设备的外露金属部分均应可靠接地并与控制柜中性线连接。

（7）电动机过电流、短路等保护的整定值应符合设计和产品要求。

（8）控制柜（控制屏）内各电气元件应外观良好，标志齐全，安装牢固，所有接线接点接触良好，继电器、接触器动作灵活可靠。

（9）微机插件的电子元器件应无损伤、不松动，各焊点应无虚焊、漏焊。

（10）插接件接触应可靠，插接后锁定正常，标志应符合设计和产品要求。

（11）对电梯热保护等元件进行检查。

（12）在机房控制柜（控制屏）处，检查继电器及接触器的吸合状况，检查并确认电梯的选层、定向、换速、截车、平层、停止等程序动作正确。

（13）调整制动器试验时，闸瓦与制动轮间隙应符合电梯制造单位的技术要求，不应有摩擦，线圈的接头应可靠无松动，线圈外部应绝缘良好，制动器弹簧应调整适当，制动器的松闸装置应试验可靠，各调整螺丝、锁紧螺母不得松动，各销轴应转动自由，制动轮和闸瓦应无油污或油漆。

（14）曳引驱动电梯应设有电动机运转时间限制功能，当启动电梯曳引机不转和向下运行的轿厢（或对重）因障碍物停滞，导致曳引绳在曳引轮上打滑时，应在规定时间内切断驱动主机的供电并保持其非供电状态。

（15）当电梯全程运行时间不小于35s时，电动机运转时间限制功能的动作时间不大于45s。

（16）当电梯全程运行时间小于35s但不小于10s时，电动机运转时间限制功能的动作时间不大于全程运行时间加10s。

（17）当电梯全程运行时间小于10s时，电动机运转时间限制功能的动作时间不大于20s。

（18）在电动机运转时间限制器动作后，只可通过手动恢复电梯正常运行。

（19）电动机运转时间限制器不应影响轿厢检修运行和紧急电动运行。

（20）检查电动机电源接线是否正确。

（21）验证电梯电源断相、错相功能是否正常。

（22）按制造单位要求检查设置变频器的参数。

（23）调好制动器机械部分后，方可进行制动器的电气开关调整。

（24）检验并确认轿顶急停开关有效、检修运行优先、方向按钮与运行方向相同。

（25）检修慢车运行时，应检查轿厢地坎与各层门地坎间隙、层门锁轮间隙、平层装置与遮磁板间隙、限位开关、强迫减速开关与碰铁的位置、轿厢最外端与井道壁间隙、轿厢部件与导轨支架、线槽的间隙，随行电缆、安全绳等与井道各部件无任何卡阻碰撞现象。

（26）检修状态试运行正常后，各层层门关闭，机械电气门锁可靠。

（27）为检修运行速度将轿厢停在中间层，轿厢内不应载人，在机房控制柜（屏）处手动快车运行。

（28）先单层，后多层，上下往返数次；进入轿厢进行实际操作，快车试运行中对电梯信号系统、控制系统进行测试、调整，确认动作准确，安全可靠。

（29）对电梯的启动，加速，换速，制动，平层及强迫减速开关、限位开关、极限开关、安全开关等位置进行调整，应动作准确，安全可靠。

（30）外呼按钮、消防开关和其他指令按钮均应功能可靠。

（31）初步调整平层感应器时，轿厢顶安装的上、下平层感应器的距离可取井道内装的隔磁板长度再加约 100mm；精准调整时以基站为标准，调整感应器的位置，其他层站调整井道内各隔磁板的位置；平层隔磁板与上下两个平层感应器的距离越小，平层准确度越高。

（32）开、关门时间应符合表 3-8 所示。

表 3-8　电梯开、关门时间

开门宽度 B（mm）		$B \leqslant 800$	$800 < B \leqslant 1000$	$1000 < B \leqslant 1100$	$1100 < B \leqslant 1300$
中分	开门时间（s）$\leqslant$	3.2	4.0	4.3	4.9
旁开		3.7	4.3	4.9	5.9

（33）安全触板和光幕应功能可靠。

（34）层门和轿门在正常运行时，不得出现脱轨、机械卡阻或者在行程终端错位的情况。

（35）当轿厢停在开锁区域外时，轿门开门限制装置应能防止轿厢内的人员打开轿门离开轿厢。

（36）电源主开关应具有切断电梯正常使用情况下最大电流的能力。

（37）电源主开关不应切断轿厢照明、通风、机房照明、电源插座、井道照明、报警装置等供电电路。

（38）开关的接线应正确可靠，位置标号及编号应一致。

（39）相序与断相保护、断相和错相保护应可靠。

（40）方向接触器、开关门继电器机械联锁保护应灵活可靠。

（41）极限开关应在轿厢或对重接触缓冲器之前起作用，在缓冲器被压缩期间，应保持其接点断开状态，极限开关不应与限位开关同时动作。

（42）对于限位开关，当轿厢地坎超越上下端站地坎平面至极限开关动作之前，电梯应停止运行；轿顶的检修控制装置应易于接近，并设有无意操作防护；检修开关应为双稳态开关。

（43）检修运行时应取消正常运行和自动门的操作、紧急电动运行。

（44）轿厢运行应依靠持续按压按钮，防止意外操作。

（45）当轿顶和轿内及机房均设检修装置时，应保证轿顶控制有效；在轿顶检修接通后，轿内和机房的检修开关应失效。

（46）紧急电动运行开关及操作按钮应设置在易于直接观察到驱动主机的位置。

（47）紧急电动运行开关本身或通过另一个电气安全装置可使限速器、安全钳、缓冲器、极限开关、上行超速保护装置的电气安全装置失效，轿厢速度不应超过 0.3m/s。

（48）限速器触发安全钳的限速器动作速度应至少等于额定速度的 115%，但应小于下列值：

1）对于除不可脱落滚柱式外的瞬时式安全钳，为 0.8m/s。

2）对于不可脱落滚柱式瞬时式安全钳，为 1m/s。

3）对于额定速度小于或等于 1m/s 的渐进式安全钳，为 1.5m/s。

4）对于额定速度大于 1m/s 的渐进式安全钳，为 1.25+0.25（m/s）。

（49）安全钳应能在下行方向动作，且能使载有额定载重量的轿厢或对重达到限速器动作速度时制停，或在悬挂装置断裂的情况下，能夹紧导轨使轿厢、对重保持停止。

（50）设有手动上锁装置，能够不用钥匙从轿厢外开启，用规定的三角钥匙从轿厢内开启。

（51）轿厢安全窗不能向轿厢内开启，并且开启位置不超出轿厢的边缘，轿厢安全门不能向轿厢外开启，并且出入路径上没有对重或者固定障碍物。

（52）安全门保护开关应符合下列规定：

1）安全门不应朝井道内开启，可不用钥匙从井道内开启，用钥匙从井道外开启。

2）当安全门松动打开或关闭失效时，安全开关应使电梯立即停止运行。

3）安全门不应设置在对重运行或有固定障碍物的路径上。

（53）当限速绳断裂或过分伸长时，张紧轮保护开关应使电梯立即停止运行。

（54）在轿门关闭期间，人被门撞击时，其安全触板、光幕保护、关门力限制保护中，应有一个灵敏的保护装置自动使门重新开启，且阻止关门所需的力不得超过150N。

（55）层门、轿门锁闭装置，切断电路的接点与机械锁紧之间应直接连接，应易于检查，宜采用透明盖板，检查并确认锁紧啮合长度为至少7mm时，电梯方可启动。

（56）当磁铁按要求动作后，制动器行程开关闭合；当磁铁复位时，行程开关应有足够的断开间隙。

（57）设置当轿内的载荷超过额定载重量时，应能发出警示信号，并使轿厢不能运行的超载保护装置；该装置最迟在轿内的载荷达到110%额定载重量时动作，防止电梯正常启动及再平层，且轿内有音响或发光信号提示，动力驱动的自动门完全打开，手动门应保持在未锁状态。

（58）轿内报警装置应符合下列规定：

1）为使乘客在需要时能有效向外求援，轿内应提供紧急报警装置的使用方法或说明。

2）应装设警铃、对讲系统、外部电话或类似装置。

3）当正常电源发生故障时，应自动接通可自动充电的紧急电源；当电梯行程超过30m时，应在轿厢和机房（或紧急操作地点）之间装设紧急电源供电的对讲装置。

4）采用多局总线制对讲系统的紧急报警装置，应在中心控制室张贴控制主机的使用操作说明。

5）采用外线拨号呼叫或分机拨号呼叫的紧急报警装置，应在明显位置张贴紧急报警号码。

6）采用 GSM 卡电梯对讲系统的紧急报警装置，应预存不少于 3 个号码并且在紧急报警装置启动后能够依次呼叫预存号码。

7）紧急报警装置采用的对讲系统不应采用临时接线连接方式。

8）紧急报警装置在通话期间应保持双方声音清晰、无明显振鸣现象。

（59）自动救援装置应符合下列规定：

1）在外电网断电至少 3s 后，自动投入救援运行，电梯自动平层并开门。

2）当电梯处于检修运行、紧急电动运行、电气安全装置动作或主开关断开时，不得投入救援运行。

3）设有一个非自动复位的开关，当该开关处于关闭状态时，该装置不能启动救援运行。

（60）地震紧急操作应符合下列规定：

1）当感应器检测到低等程度地震时，全部电梯将立即在最近楼层停靠并打开门；若 1min 内没发生严重地震，电梯自动恢复正常运行。

2）当感应器检测到严重地震时，电梯的紧急操作情况同上，需专业人员把感应器人工复位后，电梯方能正常运行。

（61）在制动系统试验中，当轿厢以 125% 额定载荷，以额定速度下行时，切断电机和制动器的供电，轿厢应停止运行；同时轿厢的减速度不应超过安全钳动作或轿厢撞在缓冲器上所产生的减速度。

（62）曳引能力检查试验应符合下列规定：

1）电梯的平衡系数应为 40% ~ 50%。

2）试验应分别在空载轿厢、行程上部范围内上行和轿厢载有 125% 额定载荷、行程下部范围内下行，两种情况急停 3 次以上，轿厢应被可靠地制停，下行不考核平层要求。

3）将对重支撑在被其压缩的缓冲器上时，空载轿厢不应被曳引绳提升。

（63）限速器、安全钳的检查试验应符合下列规定：

1）限速器的产品性能与实际相符，运转时不应出现碰擦、卡阻、转动不灵活等现象，动作正常。

2）进行瞬时安全钳试验，轿厢应有均匀分布的额定载荷，在轿厢以检修速度下行时，使限速器动作，安全钳应将轿厢停于导轨上，曳引绳应在绳槽内打滑。

3）进行渐近式安全钳试验，轿厢应有均匀分布的125%额定载荷，在轿厢以检修速度下行时进行试验，目的是检验安全钳安装调整是否正确，以及确认轿厢组装、导轨与建筑物连接的牢固程度。

4）在限速器动作时，限速器绳的张紧力至少应取300N与安全钳起作用所需力的两倍中比较大的值；该张紧力应能将安全钳及其联动机构提起，使安全钳动作；安全钳结构不同时，其提拉力也应不同。

5）在安全钳动作期间，制动距离大于计算值，限速器绳及其附件也应保持完整无损，即保证足够的张紧力，且不应因限速器绳张紧力增加造成钢丝绳的损伤。

6）井道下方确保有人员能够到达的空间，井道底坑的底面应至少按5000N/m²进行载荷设计，且对重上应设置安全钳。

（64）缓冲器的检查试验应符合下列规定：

1）在蓄能型缓冲器试验中，轿厢（或对重）完全压实缓冲器，恢复后检查并确认缓冲器不变形。

2）在耗能型缓冲器试验中，轿厢（或对重）完全压实缓冲器5min后，恢复后检查并确认缓冲器不变形，复位时间不应大于120s。

3）耗能型缓冲器在压缩动作后，应在120s内复位。

（65）上行超速保护装置应符合下列规定：

1）在控制柜或紧急操作和动态测试装置上，标注电梯整机制造单位规定的轿厢上行超速保护装置动作试验方法。

2）当轿厢上行速度失控时，轿厢上行超速保护装置应动作，使轿厢制停或至少使其速度降低至对重缓冲器的设计范围，该装置动作时，应当使一个电气安全装置动作。

（66）轿厢意外移动保护装置应符合下列规定：

1）在控制柜或紧急操作和动态测试装置上，标注电梯整机制造单位规定的轿厢意外移动保护装置动作试验方法，该方法与型式试验证书所标注的方法应一致。

2）在层门未被锁住且轿门未关闭的情况下，轿厢离开层站的意外移动，电梯钢丝绳或曳引轮应能防止该移动或使移动停止（下列部件失效除外：悬挂钢丝绳；驱动主机的曳引轮）。

3）在井道上部空载，以型式试验证书所给出的试验速度上行并触发制停部件，仅使用制停部件能够使电梯停止，轿厢的移动距离在型式试验证书给出的范围内。

4）在电梯采用存在内部冗余的制动器作为制停部件时，当制动器提起（或释放）失效，或者制动力不足时，应当关闭轿门和层门，并防止电梯的正常启动。

（67）层门和轿门旁路保护装置应符合下列规定：

1）在层门和轿门旁路装置上或其附近，标明"旁路"字样，并标明旁路装置的"旁路"状态或"关"状态。

2）在旁路时取消正常运行，包括动力操作的自动门的任何运行，应在检修运行或紧急电动运行状态下，轿厢方可运行；在运行期间，轿厢上的听觉信号和轿底的闪烁灯应起作用。

3）应能旁路层门关闭触点、层门锁触点、轿门关闭触点、轿门锁触点；不能同时旁路层门和轿门的触点。对于手动层门，不能同时旁路层门关闭触点和层门锁触点。

4）提供独立的监控信号证实轿门处于关闭位置。

（68）对超载、满载开关进行检查，其动作应灵活，功能应可靠，安装应牢固。调整超载开关，应最迟在载荷超过额定载重量的110%时检测出超载。采用其他形式的称重装置时，应按制造单位的要求进行安装、调整，并应保证其安装牢固、功能可靠、动作灵活。

（69）运行试验应符合下列规定：

1）轿厢分别以空载和额定载荷，按产品设计规定的每小时起动次数和负载持续率各运行1000次（每天不少于8h）；电梯应运行平稳、制动可靠、连续运行无故障。

2）电梯在启动、运行和停止时，轿厢应无剧烈振动和冲击，制动可靠。

3）制动器线圈、减速机油的温升均不应超过60℃且温度不应超过85℃。

4）盘根式曳引机减速箱蜗杆轴伸出端，渗漏油面积平均每小时不超过150cm²，其余各处不应有渗漏油。

（70）超载试验应最迟在载荷超过额定载重量的110%时检测出超载。在超载情况下，轿厢内应有听觉信号和视觉信号通知使用者。动力驱动自动门应保持在完全开启位置。手动门应保持在未锁紧状态，进行的预备操作应取消。

（71）平衡系数测试应符合下列规定：

1）轿厢以额定载重量的30%、40%、45%、50%、60%进行上下全程运行，当轿厢和对重运行到同一水平位置时，记录电动机的电流值，绘制电流负荷曲线，以上下行运行曲线的交点确定平衡系数。

2）平衡系数偏大或偏小，应增加或减少对重块使平衡系数处于40%～50%，或符合制造（改造）单位的设计值。

（72）在额定速度试验中，当电源为额定频率，电动机施以额定电压时，轿厢装载50%额定载重量，向下运行至行程中段（除去加速和减速段）时的速度，不得大于额定速度的105%，不宜小于额定速度的92%。

（73）在轿厢平层准确度测试中，轿厢的平层保持精度应为±10mm；平层保持精度超过±20mm时，应校正至±10mm。

（74）噪声测试方法应按现行国家标准《电梯试验方法》（GB/T 10059）的规定测量，噪声测量数值应符合下列规定：

1）额定速度≤2.5m/s，运行中轿厢内噪声≤55dB（A）；2.5m/s＜额定速度≤6.0m/s，运行中轿厢内噪声≤60dB（A）。

2）开关门过程最大噪声≤65dB（A）。

3）额定速度≤2.5m/s，机房内平均噪声≤80dB（A）；2.5m/s＜额定速度≤6.0m/s，机房内平均噪声≤85dB（A）。

（75）电梯加减速度和轿厢运行的垂直、水平振动加速度试验应符合下列规定：

1）乘客电梯起动加速度和制动减速度最大值均不应大于1.5m/s²。

2）当电梯额定速度为 1.0m/s $<v\leqslant$ 2.0m/s 时，按现行国家标准《电梯乘运质量测量 第 1 部分：电梯》（GB/T 24474.1）的规定测量，A95 加速度、A95 减速度不应小于 0.50m/s²。

3）当电梯额定速度为 2.0m/s $<v\leqslant$ 6.0m/s 时，按现行国家标准《电梯乘运质量测量 第 1 部分：电梯》（GB/T 24474.1）的规定测量，A95 加速度、A95 减速度不应小于 0.70m/s²。

（76）电梯的功能试验应根据电梯的类别、控制方式的特点，按照产品说明书逐项进行，电梯功能试验应包括安全、控制、信息及乘客舒适等功能的试验。

11.3 电梯试验与试运行施工质量验收检查要点

（1）在电梯启动、运行和停止时，轿厢内无较大的振动和冲击，制停可靠。

（2）运行控制功能达到设计要求，指令、召唤、定向、开车、截车、停车、平层等准确无误，声光信号显示清晰正确。

（3）制动器及减速器的温升不超过 60℃，且最高温度不超过 85℃。

（4）超载试验应使电梯保护功能正常有效。

（5）一般项目轿厢的平层保持精度应为 ±10mm。平层保持精度超过 ±20mm 时，应校正至 ±10mm。

（6）在安全钳试验中，轿厢空载以检修速度下降，使安全钳动作，应有效制停轿厢，动作后应能恢复正常运行。

11.4 电梯试验与试运行施工注意事项

（1）电梯机房应由安装调试人员管理，其他人员不得随意进入；机房的门窗应齐全，门应加锁。

（2）机房应保证通风良好和保温，并防止雨雪侵入。

（3）机房内应保持整洁、干燥、无烟尘及腐蚀性气体，不应放置与电梯无关的其他物品。

（4）每日工作完毕时，应将轿厢停在顶层，以防楼内跑水造成电梯故障。将操纵箱上开关全部断开，并将各层门关闭，主电源拉闸断电。

（5）电梯轿厢、层门、门套和召唤盒等可见部分的表面应保持整洁。

（6）多台电梯在同一机房内，机房中的中控配电柜、控制柜、限速器等标志应一致。

（7）机房门口应粘贴"电梯机器——危险，未经允许禁止入内"的文字标志。

（8）在调试过程中，调试人员不应在轿厢顶进行快车运行。

（9）在调试过程中，当电梯轿厢内无调试人员时，应采取措施防止人员进入轿厢。

（10）调试工作依据制造单位电气原理图和调试说明书进行，不应随意更改线路或调整可调元件技术参数。

（11）控制柜内熔断保险丝型号应与电气原理图要求一致。

（12）电动机回路、熔断器的电流应为额定电流的 2.5 ~ 3 倍。

（13）在电梯试运行前，应试验每个电气安全开关和门锁锁点的安全可靠性，试验合格后方可进行电梯试运行。

（14）在调试过程中，不应直接用手触摸电子元器件，当需要拆、装线路板时，应先将身体接触接地金属导体进行放电，防止静电击穿损坏电子元器件。

（15）在调试过程中，接触器应吸合良好、释放可靠，不应有噪声及振动。

（16）在调试过程中，出现设备或零部件不合格时，应立即停止调试工作；当零部件更换完成后，再重新进行调试。

（17）调试结束后，应填写调试记录或调试报告。

（18）电梯动力电源、轿厢照明电源全部切断后，进行紧急报警装置试验及应急照明试验。

（19）防止绳和轮意外转动或移动，以免造成夹伤或剪切伤害。

第二节　液压电梯施工技术与质量验收检查

1　液压电梯施工工序

液压电梯施工工序如图 3-21 所示。

```
                            放样架吊线
            ┌─────────────────┼─────────────────┐
        机房内安装          井道内安装          层站处安装
        ┌────┴────┐      ┌────┼────┐      ┌───┬───┬───┐
       泵站   控制柜安装  导轨  限速器 缓冲器 层门  层门  门套 层门召
        │        │      安装              地坎  装置      唤指示器
       阀体       │
        │        │      ┌───┬───┬───┬───┐        │
       管路    轿厢拼装 油缸安装 限速器张紧轮 平层装置 终点开关   层门
        │        │                │
        │     ┌──┬──┬──┬──┐
       安装钳 门机 轿厢架附件 导靴 钢丝绳安装
                     │
                电气装置安装
                     │
             调整、试验、试运行
```

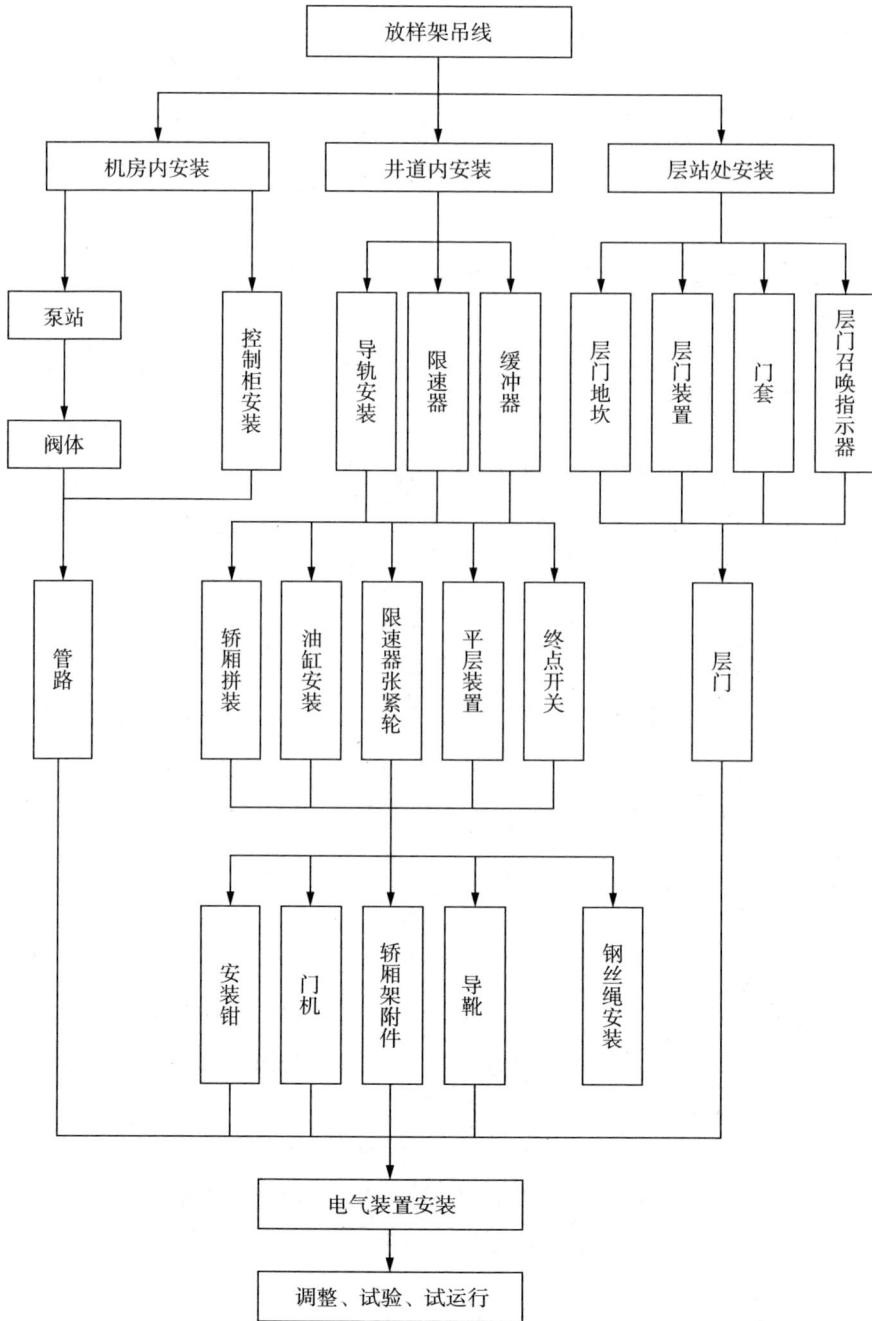

图 3-21 液压电梯施工工序

2 液压电梯机房机械设备施工与质量验收检查要点

2.1 液压机房机械设备施工准备要求

（1）施工工具主要包括电焊机、电锤、吊链、钢锯、扳手、螺丝刀等。

（2）测量工具主要包括水平尺、线坠、钢板尺、盒尺等。

（3）施工材料及要求：液压泵站、油管规格、型号、数量应符合图纸要求，出厂合格证和随带技术文件应齐全，外观无损伤，铭牌上标注的规格、型号等技术参数应清晰。

（4）辅材应符合：各种型钢的规格、型号、尺寸应符合设计要求。焊接采用普通低碳钢电焊条，电焊条应有出厂合格证。螺栓、膨胀螺栓、防锈漆等规格、标号应符合设计要求。

（5）液压电梯机房机械设备施工作业条件如下：

1）当液压泵站直接安装在地面上时，地面应抹平、抹光。

2）其他要求同电梯机房机械设备施工作业条件。

2.2 液压电梯机房机械设备施工工艺

（1）液压电梯机房机械设备施工流程如图 3-22 所示。

安装液压泵站 ⟶ 安装管路

图 3-22　液压电梯机房机械设备施工流程

（2）根据机房结构、出口管路走向和液压泵电动机进线，确定液压泵站的安装位置，将液压泵站底座用防震垫块垫起，液压泵站水平度偏差小于等于 3/1000。

（3）液压泵站油管接口及电气线路接口位置应距墙不小于 300mm，液压泵站周围至少一面有一块不小于 600mm×1200mm 的空间。

（4）冷却器应安装在距离液压泵站 2500mm 内的地面上，并通过温控器设定、调节液压泵站内的油温。

（5）清洗泵站油箱出口及泵站出口，加油前油箱内应保持干燥。

（6）测量机房内液压泵站油管接口至井道内液压油缸油管接口间的长度，应符合下列规定：

1）当距离小于等于 4000mm 时，可全部采用胶管连接。

2）当距离大于 4000mm 时，机房内液压泵站油管接口处用一根不小于 1000mm 的胶管，其他接口部位采用冷拔或冷轧无缝钢管进行电焊焊接，其焊接强度不应低于母体强度，且不应出现油液渗漏。

3）将胶管接头旋入液压泵站的接头内，两者的端面采用组合密封垫圈密封。

4）将焊接钢管直通接头旋入胶管接头内，直通接头与胶管接头之间用 O 形密封圈密封，直通接头的另一端和系统中的钢管焊接。

5）焊接钢管采用普通级精度的 10 号、15 号冷拔（冷轧）无缝钢管；工作压力应小于等于 32MPa，工作温度应为 25 ～ 80℃。

（7）安装管路前，应使用煤油清洗管路及接头，清洗管路时可用洁净毛巾浸透煤油塞入管路内，并用线类物来回拉洗，最后用煤油冲入管路内冲洗，制造单位配置的免清洗管路除外。

（8）油管接口安装应符合下列规定：

1）按所需长度截取油管，油管的断面与油管中心线的垂直度偏差不应大于油管壁厚度的 1/2。

2）清洗油管，清除管端内、外周边的毛刺及管内的金属屑、锈蚀及污垢等。

3）除去卡套接头各零件的防锈油及污垢。

4）在卡套的刃口、螺纹及各接触部位涂少量的润滑油。

5）按顺序先将锁紧螺母套在管壁上，依次套上卡套，卡套的刃口对着接头处。

6）将油管插入接头内锥孔，油管端面应紧靠在接头内的反作用孔上，并放在卡套上。

7）用加长的扳手旋紧锁紧螺母，同时转动油管直至不动，并做出标记，继续旋紧锁紧螺母 1/2 ～ 1 圈，使卡套刃口切入油管外壁。

8）旋松锁紧螺母，从油管外壁检查约 5mm 的卡套刃口切入痕迹，检查时不应使卡套的位置变动，当卡套刃口的切入痕迹为一个均匀的圆环时，卡套刃口切入油管外壁。

9）旋紧并锁紧螺母。

（9）过滤液压油后，将其注入油箱，过滤精度为 0.02mm，并标记观察油尺的最大及最小油位。

（10）将液压油注入液压油缸，待液压油缸的柱塞将轿厢提升至最高层站时，柱塞全部伸出液压油缸，油箱内的油位不应低于油尺的最小油位标记处。

（11）在液压油缸安装完毕后，安装管道截止阀；管道截止阀与液压油缸、油管与管道截止阀、油管与油管、油管与液压泵站均应用管接头连接，管接头内应放有密封圈；安装密封圈时，宜在表面涂少许黄油作为黏结剂放入管接头内，便于安装。

（12）液压油缸到机房液压泵站之间的管路，宜采用最近距离，并应避开钢丝绳装置，油管连接完毕后应将其固定在井道壁上。

2.3　液压电梯机房机械设备施工质量验收检查要点

（1）液压泵站应设过载保护，溢流阀的调定工作压力不应超过满载压力的 140%。考虑液压系统过高的内部损耗，可以将溢流阀的压力数值调定得高一些，但不得高于满载压力的 170%，在此情况下应当提供相应的液压管路（包括液压油缸）的计算说明。

（2）液压系统的管路宜采用最近距离，液压泵站以外的钢性管路连接应采用焊接、焊接法兰或螺纹管接头，不应采用压紧装配或扩口装配。

（3）用于液压油缸与单向阀或下行阀之间的高压胶管，破裂压力相对于满载压力的安全系数不应小于 8，胶管上应印有制造厂名、弯曲半径、试验压力和试验日期。

（4）液压油过滤精度为 0.02mm。

（5）固定软管时，软管的弯曲半径不应小于软管制造单位标明的允许弯曲半径。

（6）对于轿厢上装有安全钳的液压电梯，应当永久性地安装手动泵，使轿厢能够向上移动。

（7）手动泵应当连接在单向阀或下行方向阀与截止阀之间的油路上。

（8）手动泵应当装设溢流阀，溢流阀的调定压力不应超过满载压力的2.3倍。

（9）压力表显示应清晰、准确。

（10）液压泵站油位显示应清晰、准确。

（11）液压管路应可靠连接、固定，且无渗漏现象。

（12）液压油应符合现行国家标准《润滑剂、工业用油和相关产品（L类）的分类 第 2 部分：H 组（液压系统）》（GB/T 7631.2）的相关规定。

（13）截止阀应安装在液压油缸与单向阀和下行方向阀之间的油路上。

（14）单向阀应安装在液压泵与截止阀之间的油路上。

（15）溢流阀应安装在液压泵与单向阀之间的油路上。

2.4　液压电梯机房机械设备施工注意事项

（1）机房设备在搬运、安装过程中，不应发生碰撞、受潮等现象。

（2）机房门窗应齐全、牢固，机房门应上锁。

（3）非作业人员不得进入机房。

（4）使用电焊时应有防、灭火措施，并设专人看火。

（5）安装油管应避开钢丝绳安装位置，并将其固定在井道壁上。

（6）可用洁净毛巾浸透煤油，在管路内用线类物来回拉扯对管路进行清洗，清洗完成后还应使用煤油进行二次冲洗。

（7）未使用油浸电机或螺杆泵的液压电梯，可采取隔音和吸音措施，以降低机房噪声。

（8）液压电梯的液压泵站、控制柜及其他附属设备应安装在同一空间，且该空间应具有顶、墙壁、地板和通道门等设施。

（9）安装过程中，应避免管路因紧固、扭转或振动而产生任何非正常受力情况。

（10）油箱位置应安装在方便检查油箱中油液高度、注油和排油处。

（11）防止油污洒落，以免发生火灾及人员摔伤。

3 液压电梯其他辅助设备施工与质量验收检查要点

3.1 液压电梯其他辅助设备施工准备要求

（1）施工工具主要包括电焊机、扳手、套筒扳手、榔头、錾子、钢丝钳、线坠等。

（2）测量工具主要包括钢卷尺、水平尺、钢板尺等。

（3）施工材料及要求。

液压油缸应符合下列规定：

1）液压油缸出厂试验记录、合格证和随带技术文件应齐全。

2）铭牌上标注的规格、型号等技术参数应清晰。

3）设备外观不应存在明显损坏，部件应活动灵活，功能可靠。

（4）辅材应符合要求，各种型钢应无明显锈蚀。液压油型号应符合说明书要求。

（5）液压电梯其他辅助设备施工作业条件如下：

1）设计图纸和技术资料应齐全完整并核对无误。

2）设备安装位置通道应畅通，场地应整洁、无杂物。

3）施工机具应检验合格，计量器具应在检验合格周期内。

4）井道应符合下列规定：

a）各层层门处应设置安全防护装置。

b）井道施工应使用 36V 以下的低压电气照明，每部电梯井道应单独供电，采用单独的开关控制，且光照亮度应满足设计及使用要求。

c）井道应由无孔的墙、底板和顶板完全封闭，井道内应清洁，无渗、漏水现象。

d）非剪力墙井道固定导轨支架的圈梁位置及高度应符合设计要求。

3.2 液压电梯其他辅助设备施工工艺

（1）液压电梯其他辅助设备施工流程如图 3-23 所示。

| 安装缓冲器 | → | 安装液压油缸架 | → | 安装液压缸 | → | 安装导向轮组 | → | 安装限速器 |

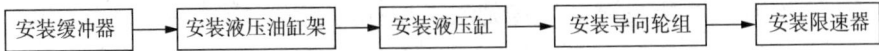

图 3-23　液压电梯其他辅助设备施工流程

（2）液压油缸架的安装应符合下列规定：

1）清理底坑杂物，测量液压油缸预埋钢板位置是否符合图纸要求。

2）依据液压电梯井道布置图及导轨中心线确定液压油缸架位置。

3）液压油缸架就位时，宜以缸架上绳头板为基准。

4）拆除液压油缸导向装置上的驱动轮及其他零件，将安装板用螺栓固定在液压油缸架上。

5）将液压油缸架导靴固定在安装板上，并放入导轨；校正液压油缸架中心，相对液压油缸中心位移偏差不大于 2mm、垂直度偏差不大于 0.4/1000、水平度偏差不大于 0.5mm。

6）校正完毕后，将导靴卡死在导轨上，对液压油缸架与底坑预埋钢板进行焊接。

7）在液压油缸上端往下约 150mm 处安装固定架，固定架一端用 M16 膨胀螺栓固定在井道壁上，另一端与液压油缸架用电焊连接，液压油缸架应具有良好的刚度。

（3）液压油缸的安装应符合下列规定：

1）将缸筒吊放进井道内或在井道封顶前将缸筒预置在井道内，在缸筒垂线上悬挂一个提升装置，当缸筒为两节时，提升位置宜靠近层门门口。

2）起吊缸筒时，应防止缸筒发生碰撞，注意缸筒的上下位置。

3）使用提升装置提升缸筒，将缸筒放在液压油缸座上，安装缸筒固定架及抱箍，缸筒进出油口处应朝向机房入口处。缸筒进出油口处与井道壁或其他物体的间距中，应留有足够位置安装破裂阀，同时便于破裂阀与软管连接。

4）连接两节缸筒及柱塞时，先在井道内配备一个水平板，再在两个不同高度准备两个固定架。

5）将缸筒下段放在井道底部与下固定架可靠固定，检查垂直度。

6）将缸筒上段垂直吊起后，旋入缸筒下段螺纹内，并将其固定在上固定架上，在固定前不应拧紧，以防损坏螺纹。

7）用金刚砂布磨光螺纹，用专用清洗剂清洗螺纹，并将两个螺纹涂上防松胶，校正两个部件成一直线后，方可拧紧螺纹。

8）两个螺纹部件应同时旋进，应加速拧紧螺纹。

9）修光柱塞螺纹连接处毛刺，柱塞的连接方法与缸筒的连接方法相同，柱塞杆安装好后，检查连接部分是否完好平滑；对于不平滑处，宜使用金刚砂布包在扁平木棒上将其磨平。

10）校正液压油缸垂直度时，先在液压油缸上端横轴、纵轴方向上挂两条铅垂线，通过抱箍及安装调节板校正垂直度，液压油缸的垂直度不大于0.4/1000，液压油缸中心位移偏差不大于2mm。

11）多级柱塞缸节之间应设置限位停止装置，防止柱塞脱离其相对应的缸筒。

12）直接作用式液压电梯，轿厢与柱塞（缸筒）之间应为挠性连接。

13）间接作用式液压电梯，液压油缸校正完毕后，应用液压油缸固定架及抱箍将液压油缸固定，安装液压油缸导向装置。

14）液压电梯油缸安装示意如图3-24所示。

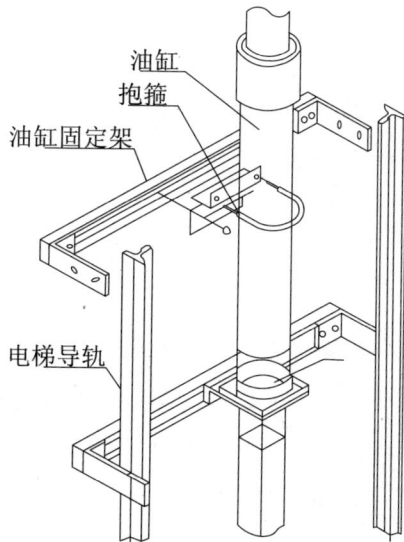

图 3-24　液压电梯油缸安装示意

（4）导向轮组的安装应符合下列规定：

1）安装完液压油缸后，把导向轮组吊放至液压油缸上部，检查导向轮组与液压油缸连接位置，拧紧螺栓并固定，安装导靴及油杯。

2）在导向轮组位置校正、调整过程中，导向轮组端面垂直度偏差不应大于 0.5mm。

3）两导靴与导轨面间的间隙和不应大于 2mm。

4）调整挡绳装置，距钢丝绳的间隙宜为 2 ~ 4mm。

（5）限速器的安装应符合下列规定：

1）依据机房平面布置图，将限速器安装位置在机房地面上做出标记。

2）当限速器安装在机房地面上时，应使用膨胀螺栓，将限速器底座或限速器本身进行固定。

3）当限速器安装在曳引机承重梁上时，应使用螺栓固定限速器。

3.3 液压电梯其他辅助设备施工质量验收检查要点

（1）液压油缸架的中心相对液压油缸的中心位移偏差不大于 2mm。

（2）液压油缸及液压油缸架的垂直度偏差不应大于 0.4/1000。

（3）液压油缸的水平度偏差不应大于 0.5mm。

（4）液压油缸中心位移偏差不应大于 2mm。

（5）固定软管时，其弯曲半径不应小于制造单位标明的允许弯曲半径。

（6）液压油缸应安装牢固、稳定。

（7）安全开关、限位开关动作时，不应造成自身的损坏或接点接地、短路等现象。

（8）井道应设置永久安装的电气照明装置，当所有的门关闭，轿厢位于井道内整个行程的任何位置时，照度要求应符合下列规定：

1）轿顶以上 1000mm 处的照度不应小于 50lx。

2）在底坑地面人员可以站立和在工作区域之间移动的任何地方，地面以上 1000mm 处的照度不应小于 50lx。

3）在本款上述规定的区域之外，照度不应小于 20lx。

3.4 液压电梯其他辅助设备施工注意事项

（1）液压油缸应有可靠的防尘措施。

（2）液压油缸的保护物应在工程完成后再去除，可加保护层。

（3）装好的机械部件应注意保护，保证外观平整光洁，无划伤、撞伤等痕迹。应防止杂物向井道内坠落，以免砸伤施工人员和安装的电梯部件。

（4）安装柱塞时，不得损伤柱塞表面。

（5）当使用多个液压油缸驱动时，液压油缸之间应采用液压并联连接，所有液压油缸的压力应相同。

（6）当底坑深度大于1600mm时，应设置2个停止装置；上部停止装置应安装在距底层端站地面以上最小垂直距离1000mm，距层门框内侧边缘最大水平距离750mm，下部的停止装置设置在距底坑地面以上最大垂直距离1200mm的位置。

（7）当轿厢在最高位置时，井道顶最低部件与上行柱塞顶部组件的最高部件之间的净垂直距离不应小于100mm。

（8）底坑地面与直接作用式液压电梯轿厢下的多级液压油缸最低导向架之间的净垂直距离不应小于500mm。

（9）配备防护用具，做好冲击钻、电锤产生的粉尘防护，防止出现肺部损伤。

4 液压电梯试验与试运行施工与质量验收检查要点

4.1 液压电梯试验与试运行施工准备要求

（1）施工工具主要包括对讲机、螺丝刀、扳手、钢丝钳、试电笔、手电筒等。

（2）测量工具主要包括绝缘电阻测试仪、数字万用表、钳型电流表、声级计、加速度测试仪、钢丝绳张力仪、卡尺、钢板尺、钢卷尺、砝码、塞尺等。

（3）液压电梯整梯应安装完成，相关土建工程应配合完成。

（4）液压电梯整机型式试验合格证书或报告书，其内容应能覆盖所提供液压电梯的相应参数。

（5）产品质量证明文件，注明制造许可证明文件编号、该液压电梯的产品出厂编号、主要技术参数，以及安全保护装置和主要部件的型号与编号等资料文件应齐全。

（6）各元器件出厂编号与安装设备编号应一致。

（7）机房、井道、底坑、轿顶、层门等各部位应清理完毕。

（8）电网输入电源电压正常，电压波动在 ±7% 范围内。

（9）各安全开关、层门锁闭功能正常，油压缓冲器按要求加油，接地保护良好。

（10）机房照明应充足，地面照度不低于 200lx。

（11）机房温度控制在 5 ~ 40℃，在 25℃时环境相对湿度不应大于 85%。

（12）电气系统、机械系统、液压系统应具备运转条件。

（13）测试用的各类仪器仪表和量具应在校验合格有效期内。

4.2 液压电梯试验与试运行施工工艺

（1）液压电梯试验与试运行施工流程如图 3-25 所示。

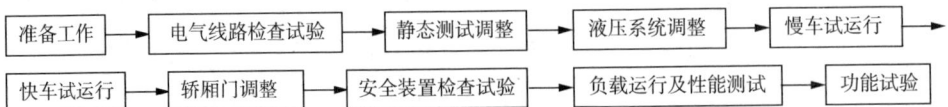

图 3-25 液压电梯试验与试运行施工流程

（2）随机文件电器原理图、液压系统原理图、安装使用维护说明书等有关资料应齐全。

（3）对全部机械设备、液压设备、电气设备进行清洁除尘；各部位螺栓、平光垫、弹簧垫、双螺母、卡圈等安装齐全、紧固，销钉开尾合适。

（4）检查液压设备、油泵、液压油缸、压力表、阀门等有无损坏、漏油现象，元器件应完好无损。

（5）在调试过程中发现问题应停止调试工作。

（6）按照电梯制造单位随机文件提供的电气原理图、接线图进行接线检查。

（7）所有电气设备的外露金属部分均应可靠接地并与控制柜中性线连接。

（8）液压泵站电动机过电流、短路等保护的整定值应符合设计和产品要求。

（9）控制柜（控制屏）内各电气元件应外观良好，标志齐全，安装牢固，所有接线接点接触良好，继电器、接触器动作灵活可靠。

（10）微机插件电子元器件应无损伤、不松动。

（11）插接件接触可靠，插接后锁定正常，标志符合设计和产品要求。

（12）摘掉液压泵站的电气线路，对热保护等元件进行检查。

（13）在机房控制柜（控制屏）处，检查继电器及接触器的吸合状况，检查电梯的选层、定向、换速、截车、平层、停止等程序动作是否正确。

（14）静态测试调整应符合下列规定：

1）静态测试调整应在电气系统接线正常无误的前提下进行，电气线路不得连接油泵。

2）根据电气原理图、测量电路静态值、检查电源电压、变压器的初级及次级电压、整流及稳压电路输出电压、输出状态、门电机等，确认其装置部件性能参数是否正常。

（15）液压系统调整应符合下列规定：

1）液压油箱顶盖应密闭，油位应在刻度线内，油箱内的温度应在 5～70℃，当液压油达到产品设计温度时，温升保护装置应启动，使液压电梯停止运行。

2）检查液压油缸、油管及各管路与缸体连接装置是否密封完好。

3）检查各阀体动作是否可靠，手动下降阀应在人力的不断作用下，使电梯以不大于 0.3m/s 的速度下降，手动停止时，电梯停止下降。

4）调整流量感应器使其在系统允许范围内运行。

5）在机房将截止阀关闭，检修点动上行，让液压泵站系统压力缓慢上升，当设备上压力表的压力值不再上升时，压力表显示的压力值即为溢流阀的工作压力值。溢流阀调定压力应不超过额定工作载荷时压力的 140%；由于管路内部损耗较大等原因，必要时可调高溢流阀压力值，但不应超过满载压力的 170%，在此情况下应当提供相应的液压管路（包括液压油缸）的计算说明。

6）破裂阀应安装在便于直接从轿顶或底坑进行调整和检查的位置。

7）液压油缸与破裂阀（或节流阀）应整体连接，或采用法兰直接刚性连接、焊接、螺纹连接；液压油缸与破裂阀（或节流阀）之间不得使用压入或锥形等其他连接形式。

8）当液压电梯具有几个并联工作的液压油缸时，可共用一个破裂阀；几个破裂阀应相互连接使之同时闭合，以避免轿厢地板由其正常位置倾斜至5%以上。

9）液压电梯破裂阀应能制停超速下行的装有额定载重量的轿厢，并使其保持停止状态；破裂阀最迟在轿厢下行速度达到下行额定速度加上0.30m/s时动作。

10）节流阀应安装在便于直接从轿顶或底坑检查的位置，载有额定载重量的轿厢的下行速度不得超过下行额定速度加上0.30m/s。

（16）慢车试运行应符合下列规定：

1）应在液压电梯进入检修状态的前提下进行。

2）连接液压泵站及各电磁阀线路，应按照制造单位接线图检测，在机房将检修开关打到检修运行位置，点动上、下方向按钮，液压泵站及各单向电磁阀应相应导通使电梯运行；当松开方向按钮后，电梯停止运行；确认液压电梯运行方向无误、电梯被有效控制。

3）调试人员上轿顶确认轿顶急停开关有效、检修运行优先、方向按钮与运行方向相同后，方可进入检修慢车试运行。

4）检修慢车运行时，应检查轿厢地坎与各层门地坎间隙、层门锁轮间隙、平层装置与遮磁板间隙、限位开关、强迫减速开关与碰铁的位置、轿厢最外端与井道壁间隙、轿厢部件与导轨支架、线槽的间隙、随行电缆、安全绳等与井道各部件的距离，是否符合相关规定的标准。

（17）快车试运行应符合下列规定：

1）检修状态试运行正常后，各层层门关闭，机械电气门锁可靠，方可进行快车运行。

2）以检修运行速度将轿厢停在中间层，轿厢内不应载人，按照操作规程，在机房控制柜（控制屏）处手动快车运行；先单层，后多层，上下往返数次，不宜到上、下端站；符合要求后，调试人员进入轿厢，进行实际操作；在快车试运行中对电梯信号系统、控制系统、液压系统进行测试和调整，确保动作正常，安全可靠。

3）对电梯的起动、加速、换速、制动、平层及强迫减速开关、限位开关、极限开关、安全开关等位置进行调整，应动作准确、安全可靠。

4）外呼按钮、消防开关和其他指令按钮均应动作可靠。

5）调试人员在机房，对液压泵站等设备进行进一步检查测试。

6）初步调整平层感应器时，轿厢顶安装的上、下平层感应器的距离可取井道内装的隔磁板长度再加约100mm。精准调整时以基站为标准，调整感应器的位置，其他层站调整井道内各隔磁板的位置；平层隔磁板与上下两个平层感应器的距离越小，平层准确度越高。

（18）负载运行及性能测试应符合下列规定：

1）液压电梯安装后应进行运行试验，轿厢在额定载重量工况下，按产品设计规定的每小时启动次数运行1000次，每天不少于8h，观察电梯运行时各部件的工作情况，记录油温变化等情况，是否均在正常范围内。

2）进行液压电梯速度试验时，空载轿厢上行的速度不应超过额定上行速度的8%，载有额定载重量的轿厢下行速度不应超过额定下行速度的8%；在以上两种情况下，速度均与液压油的正常温度有关。

3）进行超压静载试验时，液压电梯在上端站平层，将带有溢流阀的手动泵接入液压系统中单向阀与截止阀之间的压力检测点上，系统已含手动泵除外，将手动泵上的溢流阀工作压力调节为满载压力值的200%，操作手动泵使轿厢上行直至柱塞完全伸出，且系统压力升至手动泵溢流阀的工作压力，停止操作，保持5min，观察并且记录液压系统压力的下降值。

4）进行超载静负荷试验时，轿厢停在底层位置，在轿厢中连续平稳、对称地施加150%的额定载重，保持10min；观察并确认各部件没有发生永久变形和损坏，钢丝绳接头无松动，液压装置各部件无渗漏，轿厢无不正常沉降。

5）进行沉降试验时，当额定载重量的轿厢停靠在最高层站，停梯10min，沉降量不应大于10mm，因油温变化引起的油体积缩小所造成的沉降不计算在内。

（19）进行电气防沉降试验时，轿厢应装载均匀分布的额定载重量，应当符合下列规定：

1）当轿厢位于平层位置以下最大 120mm 至开锁区下端的区间内时，无论层门和轿门处于任何位置，液压电梯的驱动主机均应驱动轿厢上行。

2）液压电梯在前次正常运行后停止使用 15min 内，轿厢应自动运行到最低停靠层站。

3）轿厢内装有停止装置的液压电梯，应当在轿厢内提供声音信号装置。当停止装置处于停止位置时，该声音信号装置应工作。该声音信号装置的供电可使用紧急照明电源或其他等效电源。

4）采用手动门或在使用人员的持续控制下进行关门的动力操纵门，轿厢内应设有"请关门"的标志。

（20）进行额定速度试验时，空载轿厢上行速度和载有额定载重量的轿厢下行速度，均应与对应的额定速度差值不大于 8%。

（21）设置棘爪装置时，其伸展位置应能将向下运行的轿厢停止在固定的支撑座上；当具有多个棘爪装置时，应保证轿厢下行期间，在供电中断的情况下，所有棘爪装置作用在其相应的支撑座上。

（22）棘爪装置仅在轿厢下行时动作，应能制停轿厢，并在固定的支撑座上保持静止状态。

（23）具有节流阀（或单向节流阀）的液压电梯，棘爪装置在轿厢下行速度达到下行额定速度加上 0.30m/s 时动作，其他液压电梯，棘爪装置在轿厢下行速度达到下行额定速度的 115% 时动作。

（24）棘爪装置应将载有 125% 的额定载重量的轿厢制停在每一层站上，试验后应目测检查确认未出现对液压电梯正常使用有不利影响的损坏。

（25）液压电梯的机房噪声不应大于 85dB（A），运行中轿内噪声不应大于 55dB（A），开关门过程中噪声不应大于 65dB（A）。

（26）液压电梯在手动操作紧急下降阀的近旁应设置标志，标明"注意紧急下降"，操作轿厢的下行速度不应大于 0.30m/s。

（27）当油温超过设计温度时，液压电梯应就近停靠在平层位置上，打开轿门，充分冷却后，液压电梯方可自动恢复正常运行。

（28）在进行轿厢平层准确度测试时，轿厢平层保持精度应在 ±20mm 的范围内。

（29）电梯的功能试验应根据电梯的类别、控制方式的特点，按照产品说明书逐项进行，电梯功能试验应包括安全、控制、信息及乘客舒适等功能试验。

4.3 液压电梯试验与试运行施工质量验收检查要点

（1）在电梯起动、运行和停止时，轿厢内无较大的振动和冲击，制动可靠。

（2）运行控制功能应达到设计要求，指令、召唤、定向、程序转换、启动、停止、平层等准确无误，声光信号显示清晰正确。

（3）油箱中油温最高不超过 70℃。

（4）液压电梯平层准确度应在 ±10mm 的范围内。

4.4 液压电梯试验与试运行施工注意事项

（1）电梯机房未经许可不得随意进入，机房门窗应齐全，门应加锁。

（2）机房应整洁干燥，保证通风良好，不受灰尘、有害气体和湿气的损害，温度控制在 5 ~ 40℃，不应放置与电梯无关的其他物品。

（3）每日工作完毕时，应将轿厢停在顶层，以防楼内跑水造成电梯故障。

（4）每日工作完毕时，必须将配电柜电源全部切断，并确保各层门处于关闭状态。

（5）每日工作完毕时，机房门窗应锁好并关闭。

（6）在液压电梯正式投入运行前，其轿厢壁、层门、门套、呼梯盒等外防护膜不宜破损，防止装潢面损坏。

第三节　自动扶梯和自动人行道
施工技术与质量验收检查

1　自动扶梯和自动人行道施工工序

自动扶梯和自动人行道施工工序如图 3-26 所示。

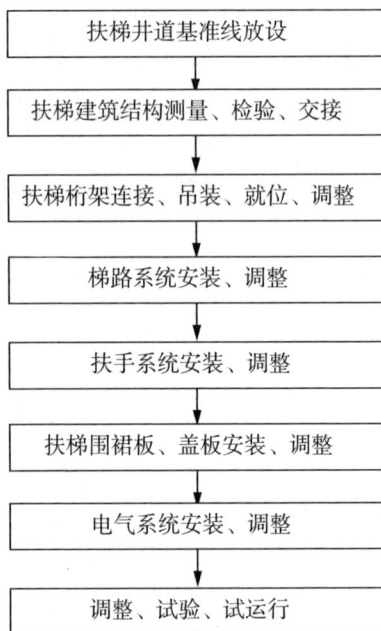

图 3-26　自动扶梯和自动人行道施工工序

2　自动扶梯和自动人行道基准线放设施工与质量验收检查要点

2.1　基准线放设施工准备要求

（1）施工工具主要包括榔头等。

（2）测量工具主要包括水平尺、钢板尺、钢卷尺、线坠、墨斗等。

（3）施工材料包括尼龙细线和钢丝。扶梯支撑梁预埋铁应为厚度不小于20mm、宽度不小于200mm 的低碳钢板，长度应符合制造单位设计要求。

（4）基准线放设施工作业条件如下：

1）扶梯井道施工已完毕。

2）会同建设单位、监理单位、制造单位进行开箱清点工作，检查随机文件是否齐全，机械部件、电气部件及备品备件是否完好，无缺损情况，并填写设备进场验收记录表。

3）扶梯现场周围应设有良好的可拆除的防护栏，其高度不应小于

1200mm。

4）扶梯井道周围应保持干净，基坑应保持干燥，无杂物。

5）建设单位或土建单位应提供最终地面的标高及建筑物轴线，并填写交接记录。

6）施工现场的照度不应小于200lx。

7）核实土建尺寸，检查提升高度、水平跨度、支撑梁、底坑等是否与图纸相符，且应满足安装要求。

2.2 基准线放设施工工艺

（1）基准线放设流程如图3-27所示。

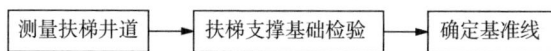

測量扶梯井道 → 扶梯支撑基础检验 → 确定基准线

图 3-27 基准线放设流程

（2）扶梯井道所有必要的尺寸、扶梯间的相互位置及扶梯到墙面的位置，应按照布置图中的数据进行检查。

（3）检验支撑间的距离，用铅锤将上支撑的边线投影到支撑水平面上，再用卷尺测量其水平距离。

（4）检验净空水平尺寸，用铅锤将上支撑的边线投影到下支撑面的水平面上，用铅锤将上支撑相对楼层边线投影到下支撑面的水平面上，再用卷尺测量其水平距离。

（5）检验提升高度，通过测量现场业主提供的最终两楼层的标高之间的垂直距离来确定提升高度。

（6）检验基坑深度，应用卷尺现场测量业主提供的下支撑最终楼面的标高与基坑之间的垂直距离来确定基坑深度。

（7）检验基坑长度，应用卷尺现场测量下支撑边线的铅垂线到对面基坑边线铅垂线间的水平距离。

（8）检验支撑间的对角线，可检查上下支撑的平行度及井道偏扭，对角线相互差值不应大于10mm。

2.3 基准线放设施工质量验收检查要点

（1）扶梯支撑梁预埋铁的受力应符合图纸要求。

（2）净空水平距离的偏差应保证扶梯的梯级踏板上空与最近楼板最小垂直净空高度不小于2300mm。

（3）桁架两端支撑角钢与支撑基础搭接长度应大于100mm，并应符合产品设计要求。

（4）支撑间距离偏差为（0 ～ +15）mm。

（5）提升高度的尺寸偏差为 ±15mm。

（6）基坑深度、基坑长度不得小于土建布置图规定的数值。

（7）支撑间对角线相差不得超过10mm。

（8）支撑梁预埋铁应保持水平，其水平度偏差不应大于1/1000。

（9）上、下支撑梁与扶梯端部配合的侧面应垂直，垂直度偏差不应大于5mm。

（10）桁架安装位置中心线偏差不应大于1mm。

2.4 基准线放设施工注意事项

（1）扶梯周围防护栏应保持良好。

（2）扶梯桁架安装中心线定位后，应加覆盖保护。

（3）扶梯安装在最底层时，应设置混凝土基坑；基坑应有防水措施，不得渗水。

（4）基坑底部应为直角，当为圆角尺寸且尺寸太大时，桁架安装时无法落底。

（5）扶梯吊点在土建勘察时，应重点检查其承受起吊时的受力。

（6）多台扶梯垂直纵向或交叉布置时，为保证多台扶梯外沿垂直中心线，可适当移动补偿，应照顾多数，且保证桁架外沿搭设在预埋铁上。

（7）预防踩空与失足，正确使用安全绳、安全带，确保有效监护及正确操作。

3 自动扶梯和自动人行道桁架连接施工与质量验收检查要点

3.1 桁架连接施工准备要求

（1）施工工具主要包括吊车、倒链、卷扬机、龙门架、方木、滚杠、铁托、木板、滑轮、滑轮组、撬棍、千斤顶、木榔头、橡皮榔头等。

（2）测量工具主要包括直角尺、钢板尺、钢卷尺、水平尺、线坠、架子、钢丝等。

（3）施工材料及要求：桁架应符合设计要求，完整坚固，无扭曲及损伤；桁架连接用的螺栓规格、质量、数量应符合要求。

（4）桁架施工作业条件如下：

1）扶梯运输线路应通畅，运输所经地面和敷设的临时盖板，其负载能力应满足要求，且应进行加固。

2）扶梯的悬挂受力点应符合图纸规定的承载能力，设置的位置应正确。

3）在建筑上临时搭装龙门架等起吊装置时，应检查建筑上是否有供起重用的基础，当受力过于集中时，可采取分散受力的方法。

4）在吊装、拼接现场周围，应设置防护栏杆，并设有"闲人不得入内"的警示标语。

5）安装现场应有充足的照明。

3.2 桁架连接施工工艺

（1）桁架连接施工流程如图 3-28 所示。

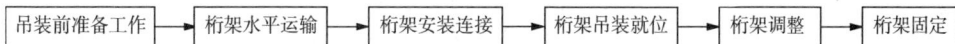

| 吊装前准备工作 | → | 桁架水平运输 | → | 桁架安装连接 | → | 桁架吊装就位 | → | 桁架调整 | → | 桁架固定 |

图 3-28 桁架连接施工流程

（2）应结合扶梯土建图上吊点的要求及吊装方案，在各吊点挂装钢丝绳、倒链、滑轮组等装置，固定卷扬机，卷扬机在受力时不得倾覆。

（3）在上、下支撑梁预埋铁上，应结合图纸尺寸要求安装垫板及减震橡胶，应按安装手册要求预固定。

（4）吊装或拼接时，周围环境应满足长度要求，水平运输应满足拐弯的要求，上下左右不应有障碍。

（5）桁架到达现场后，不得直接在安装现场卸货，应在室外或入口处卸下，水平运输至井道附近。

（6）水平运输桁架时，用千斤顶顶起，应在桁架底部加装铁托、滚杠、木板，在机头或允许挂绳的部位，用卷扬机水平拉动至井道安装现场或拼接现场。

（7）桁架拆箱后，应将扶梯的分段金属框架按次序运至拼接现场，且应在金属框架端部标上对接顺序标记。

（8）将其内部的梯级逐一拆下卸出，牵引链条包括梯级主轴，应从接头处拆开卸出，并进行清洗、上油。

（9）桁架连接应采用端面配合连接，在每个接合面上用若干个高强度螺栓连接；个别制造单位的连接螺栓在端部有一段锥形销，插入后应用铁锤打紧。

（10）受压面和受拉面上使用的高强度螺栓，应采用专用工具安装，以达到紧固要求。

（11）桁架的连接既可在地面上进行，也可在悬吊半空的情况下进行。

（12）扶梯起吊时应在制造单位预设的起吊点进行吊装。

（13）根据扶梯起吊点的结构，可采用吊环或绳头固定套环悬挂钢丝绳。

（14）可用卷扬机、倒链、滑轮、滑轮组等将扶梯桁架送至井道。

（15）机头部分可用卷扬机、滑轮、滑轮组垂直牵引，机尾部分可用手拉葫芦垂直起吊，机尾可用卷扬机拉引，防止机头提起导致桁架突然前移，操作应"一提一放"。

（16）在大跨度扶梯上，为防止桁架因长度过长而变形，应加设中间辅助吊点，吊点应可承受桁架部位自重，且吊点应符合桁架受力点要求。

（17）当桁架机头高于上支撑位置后，机尾部分应先落入下支撑安装垫板上，机头部分缓慢落在上支撑安装垫板上，且上下支撑搭接长度应基本相同。

（18）桁架的支撑座应符合布置图上所给定的受力要求；支撑座表面应保持平整、干净和水平，桁架上下支撑座的调整应符合下列规定：

1）支撑座由上、下两个扁钢和中间橡胶减震衬垫及部分调整垫片组成，用两个辅助螺钉固定扶梯桁架支撑角钢。

2）当桁架放置于支撑座上后，应去掉两个辅助螺钉，换用四个调整螺栓，将水平尺置于梳齿前沿板后沿上，将扶梯的桁架调整到精确水平，其水平度不应大于1/1000。

3）调整时，中间两个螺栓应松开，将两边两个螺钉旋紧或放松使桁架顶起或落下，通过加减垫片的方法使桁架不受外力落在支撑座上后达到精确水平，中间两个螺栓应拧紧至上层扁钢。

4）图3-29为自动扶梯和自动人行道支撑座安装示意图。

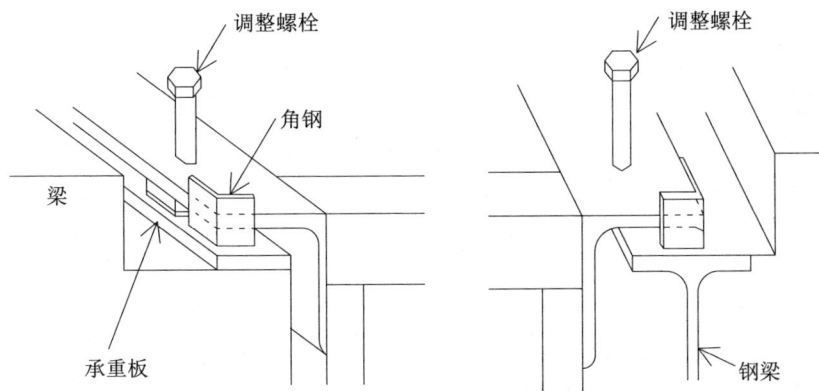

图 3-29　自动扶梯和自动人行道支撑座安装示意

（19）桁架与最终地面高差的调整应符合下列规定：

1）应用水平尺测定桁架上、下支撑处最终地面与梳齿前沿板接平或高出地面 2 ～ 5mm。

2）当不水平、不重合时，应调节桁架两端的高度，直至满足上述要求。在调节过程中应保证桁架上、下支撑的水平，桁架边框高出地面时应采取措施平缓过渡。

（20）扶梯桁架中心线与井道安装中心线的调整应符合下列规定：

1）在扶梯两端架设两个支架，应使连线位置不低于扶梯扶手高度。

2）支架竖起后，在近扶梯的中心位置上空，两支架上放一条钢丝线，并在此线近扶梯两端处放两个线坠，将线调至线坠中心，与端部定位块上标记重合，此线即为扶梯中心线。

3）左右调整桁架位置，扶梯中心线与井道安装中心线应重合。

（21）扶梯所在位置的调整应符合下列规定：

1）从建筑物柱体的坐标纵轴开始，测量和调整纵轴与梳齿板后沿的距离，横梁至桁架端部间的距离应为 40 ~ 60mm。

2）从建筑物柱体的坐标横轴开始，测量和调整横轴与梳齿板中心的距离，两者大小应相等。

（22）并列或并靠扶梯前后距离的调整：当在同一层楼有多台扶梯并列或并靠组装时，分别调整扶梯上、下两端前后位置偏差与高低位置偏差，前后位置偏差不大于 15mm，高低位置偏差不大于 8mm。

（23）当安装提升高度大于 6m 的扶梯时，应在中部加装中间支撑或其他增强措施。

（24）扶梯中间支撑的安装和调整应符合下列规定：

1）桁架落座于上、下支撑座后，应按照布置图要求，立即加装中间支撑或其他增强措施。

2）待桁架全部调整完毕，应拉钢丝测量扶梯桁架的挠度。

（25）进行桁架固定：将桁架位置及水平调试准确后，将桁架支撑角钢上的两侧调节螺栓松开，并将桁架两端支撑角钢与承重梁上安装垫板中的上层扁钢焊接牢固，不应与预埋铁焊接。

（26）在扶梯安装中，当要求桁架两侧与土建搭接时，搭接方式可依土建情况确定。当两台扶梯靠近时，相邻一侧的桁架允许侧向连接。

（27）为保证桁架的减震性能，不得与建筑物形成硬连接。

（28）桁架前后方向与支撑座的间隙，可用减震橡胶或胶泥进行填充。

3.3 桁架连接施工质量验收检查要点

（1）扶梯桁架两端支撑角钢与支撑基础搭接长度应大于 100mm，并应符合产品设计要求。

（2）段与段连接螺栓紧固力矩应符合产品设计要求。

（3）桁架两端支撑处应保持水平，其水平度偏差不大于 1/1000。

（4）楼层板与楼层地面持平，且不应高出楼层地面 5mm。

（5）扶梯桁架中心线与井道中心线的偏差不应大于 1mm。

（6）桁架上下端部与支撑基础边缘间的距离应为 40 ～ 60mm。

（7）二台或二台以上并列或并靠的扶梯上、下两端前后偏差不大于 15mm，高低偏差不大于 8mm。

（8）公共交通型扶梯根据 5000N/m^2 的载荷计算或实测的最大挠度，不应大于支撑距离的 1/1000。

3.4 桁架连接施工注意事项

（1）在水平运输桁架时，其底部不得直接接触地面。

（2）桁架个别部位油漆腐蚀剥落，可在桁架就位后依原色修补。

（3）吊装前将梯级部分卸出，防止吊装时桁架受力将梯级挤压损坏。

（4）对梯级踏板表面进行保护，防止物件坠落砸坏梯级踏板表面。

（5）吊装时，应检查吊点、钢丝绳、倒链的受力状况并试吊，防止因钢丝绳和倒链断裂、滑脱造成桁架摔坏变形。

（6）卷扬机的固定：应用双钢丝绳分别绕过建筑物柱子连接，防止卷扬机受力时倾覆。

（7）桁架起吊时不应采用单根钢丝绳悬吊，应进行四点固定，钢丝绳之间夹角应小于 120°。

（8）在非特别标注的情况下，不得用桁架中间部分起吊。

（9）应在桁架上下支撑座保持水平的前提下对桁架进行高度、位置等的调整。

（10）垂直布置的扶梯就位：应按先上后下的原则起吊、就位。

（11）垂直或纵向布置的扶梯应从上向下放基准线，调整多台扶梯桁架的外沿垂直度，达到基本垂直、美观的要求。

（12）支撑基座采用调整垫片调整的，应将调整垫片与安装垫板进行点焊连接。

（13）连接多段桁架时，若连接螺栓根部为销钉式，应注意螺栓穿插方向，当方向相反时，螺栓与桁架配合可能会不紧密。旋紧力应使用专用工具检测。

（14）从事吊装作业的人员应具有相应的从业资格。

4 自动扶梯和自动人行道梯路系统施工与质量验收检查要点

4.1 梯路系统施工准备要求

（1）施工工具主要包括扳手、榔头、内六角扳手、钢锉、油石等。

（2）测量工具主要包括钢板尺和塞尺等。

（3）施工材料及要求：梯级规格应符合设计要求，完整、坚固，无损伤现象。调整垫片应符合相关要求。

（4）梯路系统施工作业条件如下：

1）桁架安装应就位调整合格。

2）安装现场施工用电应符合现行行业标准《建筑与市政工程施工现场临时用电安全技术标准》（JGJ/T 46）的规定。

4.2 梯路系统施工工艺

（1）梯路系统施工流程如图 3-30 所示。

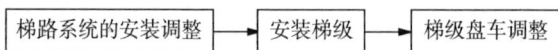

图 3-30 梯路系统施工流程

（2）驱动主轴的调整：用水平尺放在主轴上进行测量，调整两侧固定螺栓，调整中可使用垫片，调试好后其水平度偏差不超过 1/1000。

（3）梯路张紧装置的调整：将张紧弹簧的备母松开，用扳手调整弹簧的压缩长度至制造单位规定的尺寸要求，后将备母锁紧。

（4）调整梯级导轨的平直度：用目视检查，导轨不应有弯曲、变形的情况。

（5）用扶梯桁架中心线悬挂线坠，用钢卷尺检查左右导轨与中心的对称度，其相互偏差应小于 1mm。

（6）导轨各接头处（包括转向端接头）应保证平直、紧密，不得有毛刺凸出现象。

（7）梯级的装入：将需要安装梯级的空缺处，运行到转向导轨的装卸口，先将梯级辅助轮装入，后将整个梯级缓慢装入装卸口。

（8）梯级的调整固定：装入梯级后，将梯级的两个固定装置推向梯级轴，并卡在牵引轴上，调整梯级左右位置，将踏板中心调至与扶梯中心重合，调试好后可用内六角扳手旋紧螺栓。如图 3-31 所示。

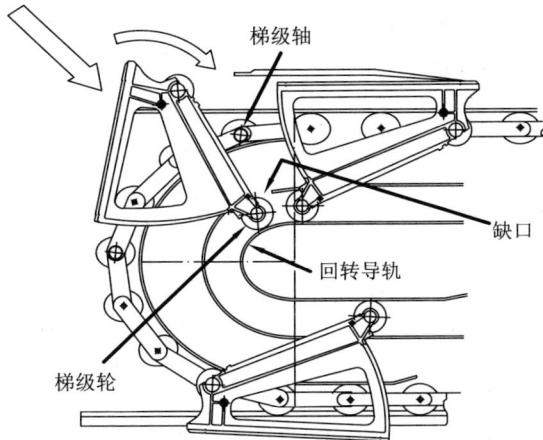

图 3-31　自动扶梯和自动人行道梯级安装示意

（9）现场安装梯级时，应按照制造单位的要求进行安装。

（10）梯级应能平滑通过末端回转部分，在接触终端导轨时，梯级滚轮的噪声和振动应很小。牵引轴通过末端环形导轨时应平稳，停止运行后，方可用手拉梯级，查看有无间隙。若无间隙，可用手转动辅轮，不能转动时，应重新调整，按此方法检查每一个梯级。

（11）在梯级安装盘车时，应口令、动作一致，防止回转梯级损坏。

4.3　梯路系统施工质量验收检查要点

（1）梯路导轨内表面应光滑、平整，不得有异物凸出现象。

（2）梯路导轨应保证工作分支的每个梯级踏板都水平且不晃动。

（3）梯路导轨内表面对接台阶水平度偏差不应大于 0.2mm，接缝间隙不应大于 0.1mm。

（4）梯路左右两侧导轨之间的水平度偏差不应大于 1/1000，左右两侧导轨对中心线的偏差不应大于 1mm。

（5）两个相邻梯级的间隙不应超过 6mm。

（6）围裙板与梯级任何一侧的水平间隙不应大于 4mm，两边的间隙之和不应大于 7mm。

（7）梳齿板梳齿与踏板面齿槽的啮合深度应当至少为 4mm，间隙不超过 4mm。

4.4 梯路系统施工注意事项

（1）梯级在安装、搬运过程中应轻拿、轻放，不得用力敲击、摔打，防止梯级表面的损坏。

（2）在安装梯级后，要防止硬物坠落，以免砸坏梯级。

（3）在安装梯级前，应将梯级导轨清扫干净。

（4）安装梯级时，应先装 2～3 个梯级，装完后用手盘车运转，确认无刮蹭及异响情况后，方可安装剩余梯级。

（5）在调整梯级时，适当旋紧固定螺栓，不得用金属设备敲击。

（6）张紧弹簧可先预调至规定的最小压缩量，待扶梯整个系统安装完毕后，再调至适当位置。

（7）进行梯路安装作业时，要防止扶梯启动。

5 自动扶梯和自动人行道扶手系统施工与质量验收检查要点

5.1 扶手系统施工准备要求

（1）施工工具主要包括手动吸盘、专用扶手安装工具、扳手、木块、橡皮榔头、钢锉、油石等。

（2）测量工具主要包括塞尺等。

（3）施工材料及要求：扶手应符合设计要求，设有编号，完整、平整、无损伤现象。扶手带表面干净、平整、无毛刺、无割伤。玻璃衬垫的质量、规格、数量应符合要求。扶手导轨应符合设计要求，齐全并设有编号。扶手驱动装置各链轮、压紧装置、各轮转动应良好。

（4）扶手系统施工作业条件如下：

1）扶梯上部梯级应全部装齐，不得有空梯级。

2）扶梯外沿应为无遮挡的环境，并应设有围挡。

3）扶梯两侧应装设脚手架，脚手架应与扶梯桁架相适应，安装及装饰应预留作业空间。

4）脚手架应搭制成斜坡、阶梯状，排管档距宜为 1200～1500mm。脚手架每步应铺满脚手板，板厚不应小于 50mm，板与板之间空隙不应大于 50mm。

5）脚手板两端应探出排管 150～200mm，用 8 号铅丝将其与排管绑牢。

5.2　扶手系统施工工艺

（1）扶手系统施工流程如图 3-32 所示。

安装扶手支撑支架、挡板 → 安装扶手导航 → 安装扶手带 → 盘车、张紧装置调整

图 3-32　扶手系统施工流程

（2）扶手驱动系统的安装应从下机头圆弧处开始，按照标记用吸盘将下机头圆弧段玻璃缓慢放入主承座凹槽内，内、外和底面均应垫塑料衬板，防止硬接触，并将夹紧螺母预固定。

（3）安装扶手带回转滚轮支架时，扶手带回转滚轮支架应按照装配图要求，加入塑料衬板插入圆弧段玻璃的顶面，并预固定螺栓；预固定滚轮支架后，应检查其与圆弧玻璃的配合程度。

（4）同时检查左右两侧回转装置的平行度，平行度偏差不应超过 1mm。

（5）安装玻璃时应按制造单位标记的顺序进行，并在相邻两块玻璃之间装入柔性填充物。

（6）安装玻璃时，用塑料衬板调整相邻两块玻璃的高度、间隙及端面平整度，使相邻两块玻璃的错位小于 2mm，各玻璃之间的间隙应基本相同，并应符合制造单位设计要求，待全部玻璃调整完毕，方可用扳手将全部螺母锁紧。

（7）上部转向端回转滚轮支架安装方法与下部相同，检查并确认其平行度不超标。

（8）装入扶手型材，将制造单位配置的橡皮件按尺寸要求安装在玻璃板的上端，在玻璃的全长范围内，将玻璃嵌入扶手型材，按制造单位设计要求进行安装。

（9）装入扶手导轨，并将其揩净；扶手导轨连接处应光滑无尖棱，必要时可用手工修磨平整，装完扶手导轨后，将其固定螺钉紧固。

（10）安装扶手支撑支架、挡板等不透明支撑扶手装置，安装应符合下列规定：

1）不透明支撑装置的支架宜采用角钢制作，应从下机头支撑支架的第一标记点开始安装支架。

2）机头扶手带回转滚轮支架与透明无支撑扶手装置应相同，检查并确定其左右两侧水平度偏差不大于 1mm。

3）第一根扶手支撑支架安装完毕后，按制造单位标记依次装入其余支架。

4）上部扶手带回转滚轮支架与下部相同，检查并确定左右平行度偏差不大于 1mm。

5）支架全部安装完毕后，检查扶手支撑支架与桁架中心线的对称度及高低位置。

6）支架全部调整完毕后，将扶手支撑型材装入，固定。

7）装入扶手导轨，并揩净，扶手导轨连接处应光滑无尖棱，必要时可用手工修磨平整；扶手导轨装完后，紧固其螺钉。

（11）扶手支撑支架、挡板照明装置的安装应符合下列规定：

1）按灯管的排列要求，先装好灯座连接板，灯罩托架板，日光灯应先从上弧形及下弧形灯管装起，再由上下一起往中间装，两端部应同时装，弧形灯管较长直线段一端应在 30 ~ 35° 倾斜区段内。

2）灯脚可边接线边固定在灯座连接板上，连接板应利用预放入支架槽中的螺栓与支架固定，灯罩托板架也应利用预放入支架槽中的螺栓与支架固定。

（12）安装扶手带应符合下列规定：

1）手动盘车检查，扶手驱动轮在导轨上应能自由上下滑动。

2）滑轮群组及防偏轮的各轴承处应转动灵活，若有卡死或脱落情况，应随时调换。

3）整根环状出厂的扶手带，安装前应进行里外清洁，安装时应将扶手带下分支绕过驱动端滑轮群，嵌入扶手驱动轮下部绕过导向轮组。扶手驱动端应位于最高位置，中间放在托辊上，再用扶手带安装专用工具将扶手带套入上下头部转向滑轮群组。

4）在上、下扶手转角处各站一人，朝下方向拉扶手带，中间一人用手将扶手带移动到扶手导轨系统上。

5）适当调节扶手驱动滑轮、扶手带压紧托轮及张紧装置，反复上、下盘车，调节滑轮群组、导向轮组及张紧弹簧，扶手带应能顺利通过不碰擦。扶手带自身张紧力应适当，不可过紧或过松。

6）调整传动辊与扶手内侧的间隙，每边应在 0.5mm 以上。

5.3 扶手系统施工质量验收检查要点

（1）扶手导轨连接处应光滑无尖棱。

（2）朝向梯级一侧的扶手装置应光滑，当压条或镶条的装设方向与运行方向不一致时，其凸出高度不应超过 3mm，应坚固且具有圆角和倒角的边缘。

（3）扶手护壁板边缘应倒圆或倾角，玻璃之间的间隙不应大于 4mm，间隙上下应一致，玻璃厚度不应小于 6mm。

（4）两护壁板之间下部位置的水平距离应小于等于上部位置的水平距离，扶手栏板之间任何位置的距离都应小于扶手中心线之间的距离。

（5）扶手带开口处与导轨或扶手支架之间的距离不应超过 8mm。

（6）相邻两块玻璃之间的错位应小于 2mm。

（7）扶手系统机头回转装置左右两侧的扶手带回转滚轮架平行度偏差不应超过 1mm。

（8）相邻两块玻璃之间的间隙应上下一致，并符合制造单位设计尺寸。

（9）扶手带安装后应有适当的张紧度。

（10）电缆、软管的敷设应可靠固定，且固定均匀。端头处固定距离不大于 300mm，中间段间距不应大于 1m。金属槽盒、管的出入口应有专用护口或其他保护措施。

（11）左、右扶手导轨与中心线偏差不应大于 1mm。

（12）玻璃的夹紧力不可过大或过小，应适度。

5.4 扶手系统施工注意事项

（1）安装玻璃及扶手带后，在玻璃上粘贴警示标志，防止磕碰。

（2）为防止焊接火花和摩擦，粘贴在扶手护壁板及玻璃表面的保护纸，应保留到向客户移交前撕去。

（3）安装钢化玻璃时，应注意使用手动吸盘，应两人以上搬动大块玻璃。固定玻璃时，应缓慢旋紧螺钉，使玻璃受力均匀，旋紧力不得过紧或过松。搬运玻璃时应注意安全，应配置防滑手套，并保证通道畅通。

（4）在装入最后约 150mm 扶手带部分时，可采用专用工具将其别入扶手导轨；不应用螺丝刀，不得损坏扶手带和刮伤抛光栏杆表面。

（5）整个扶手装置外观为扶梯的外观，大部分零件的表面材料为装饰材料，安装时应精细，接头应平整光滑，并不得碰损表面。

6 自动扶梯和自动人行道围裙板及盖板施工与质量验收检查要点

6.1 围裙板及盖板施工准备要求

（1）施工工具主要包括手电钻、橡皮锤、丝锥、改锥、开口扳手、钻头、棘轮扳手等。

（2）测量工具主要包括直尺、塞尺、磁力线坠等。

（3）施工材料及要求：围裙板、内盖板、外盖板应完好无损，表面平整，无划痕，数量齐全，且围裙板应具有防夹装置。

（4）围裙板及盖板施工作业条件如下：

1）桁架、扶手系统应安装完毕，剩余 6 节梯级不应安装。

2）已安装的部件应清洁完毕。

3）安装现场应有充足的照明。

6.2 围裙板及盖板施工工艺

（1）围裙板、盖板施工流程如图 3-33 所示。

```
┌──────────┐      ┌──────────┐      ┌──────────┐
│ 安装围裙板 │ ───→ │ 安装内盖板 │ ───→ │ 安装外盖板 │
└──────────┘      └──────────┘      └──────────┘
```

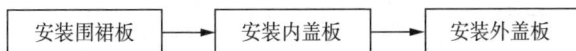

图 3-33　围裙板、盖板施工流程

（2）安装围裙板时应先装上、下两头，再装中间段，如图 3-34 所示。

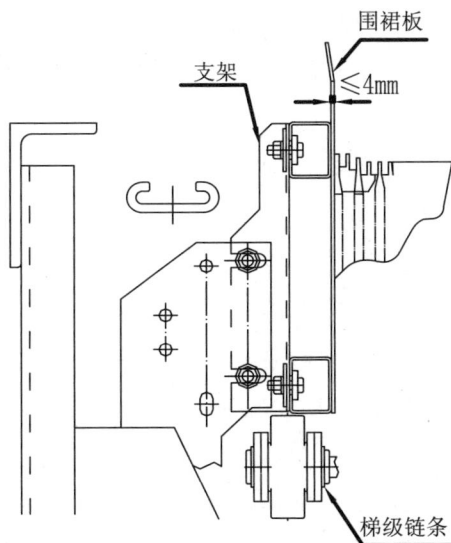

图 3-34　自动扶梯和自动人行道围裙板安装示意

（3）将围裙板背面的夹具卡入围裙角钢，围裙板与角钢面应贴牢，且无松动现象。

（4）拼装围裙板时，接缝处应严密平整。围裙板与角钢面应平直，不得凹凸不平和弯曲，装围裙板时，应用橡皮锤将围裙板敲正。

（5）调整围裙板与梯级的间隙至符合下列规定：

1）梯级停止状态的侧面和围裙板表面的间隙左右尺寸的安装调试标准为单边间隙 1 ~ 4mm，两边间隙之和不大于 7mm。

2）在标准规定的尺寸范围内，可微调围裙板安装尺寸，以便升降梯级时，使梯级靠近导轨部分，与围裙板的间隙均不得有超越尺寸标准的部分，且应保证梯级与围裙板之间不产生接触和摩擦的现象。

（6）调试时，可用移动围裙角钢的方法进行调整。

（7）安装、调整完围裙板后，应手动盘车至少一周，以确保没有刮蹭、异响。

（8）围裙板防夹装置应符合下列规定：

1）由刚性部件、毛刷、橡胶型材等柔性部件组成。

2）从围裙板垂直表面起的突出长度最小为 33mm，最大为 50mm。

3）刚性部件有 18mm 到 25mm 的水平突出长度，柔性部件的水平突出长度最小为 15mm，最大为 30mm。

4）在倾斜区段，刚性部件最下缘与梯级前缘连线的垂直距离为 25mm 到 30mm。

5）在过渡区段和水平区段，刚性部件最下缘与梯级表面最高位置的距离为 25mm 到 55mm。

6）刚性部件的下表面与围裙板形成向上不小于 25° 的倾斜角，上表面与围裙板形成向下不小于 25° 的倾斜角。

7）末端部分逐渐缩减并且与围裙板平滑相连，其端点位于梳齿板梳齿与踏面相交线前（梯级侧）不小于 50mm、不大于 150mm 的位置。

（9）在安装不锈钢盖板时，各接缝处应严密平整，不应有凹凸和弯曲。

（10）先装内盖板和封条，找好位置后，在围裙板上钻攻螺丝孔，用螺钉将内、外盖板固定在围裙板和封条上。

（11）装好转角处扶手栏杆后，先装转角部分盖板和弯曲部分的内、外盖板，再装中部的盖板。

（12）内盖板和护壁板与水平面的倾斜角均不应大于 25°，该要求不适用于直接与护壁板相接的内盖板水平部分。

（13）当扶梯与墙壁相邻，且外盖板的宽度大于 125mm 时，在上下端部应安装阻挡装置，防止人员进入外盖板区域。当扶梯相邻平行布置，且共用外盖板宽度大于 125mm 时，应安装阻挡装置，阻挡装置应当延伸至距离扶手带下缘 25 ~ 150mm 处。

（14）当扶梯与相邻墙壁之间装有接近扶手带高度的扶手盖板，且建筑物和扶手带中心线之间的距离大于 300mm 时，或者相邻扶梯的扶手带中心线之间的距离大于 400mm 时，应在扶手盖板上装设无锐角或锐边的防滑行装置。该装置应包含固定在盖板上的所有部件，与扶手带外边缘的距离不应小于 100mm，且防滑行装置之间的间隔不应大于 1800mm，高度不应小于 20mm。

（15）当扶梯扶手带外缘与障碍物距离小于 400mm 或障碍物会引起人员伤害时，应在与楼板交叉处及各交叉设置的扶梯之间，在扶手带上方放置一个无锐利边缘的垂直封闭固定防护挡板，其高度不应小于 300mm，且至少延伸至扶手带外缘下 25mm 处。

（16）为防止人员跌落，在自动扶梯或者自动人行道的外盖板上装设的防爬装置应位于地平面上方 1000mm±50mm 处，下部与外盖板相交，平行于外盖板方向上的延伸长度不得小于 1000mm，且确保在此长度范围内无踩脚处。该装置的高度应至少与扶手带表面齐平。

6.3　围裙板与盖板施工质量验收检查要点

（1）围裙板与梯级任何一侧的水平间隙不应大于 4mm，两边的间隙之和不应大于 7mm。

（2）内盖板、外盖板、围裙板接缝处的凸台高度不应大于 0.5mm。

（3）围裙板、盖板应安装牢固、平整，接缝处应严密，不得有凹凸和弯曲的现象，且应是对接缝。

（4）在围裙板的最不利部位，垂直施加一个 1500N 的力于 250mm² 的面积上，其凹陷不应大于 4mm，且不应由此导致永久变形。

6.4　围裙板与盖板施工注意事项

（1）拼装外盖板时，应使用安全带，以防坠落。

（2）围裙板、盖板在运输过程中，应轻拿轻放，不应磕碰，不得用铁锤敲打。

（3）安装完毕后，正式使用前不得撕掉保护膜，防止划伤。

（4）拼装围裙板、盖板前，应保持扶手系统下部、扶梯内部的清洁卫生。

（5）拼装围裙板、盖板时，当围裙板、盖板与其他部件间隙不合适时，应采取加垫片等其他方法调整。

（6）防止尖锐的不锈钢边缘，造成划伤、割伤，工作时须戴安全手套，正确操作。

7 自动扶梯和自动人行道电气装置施工与质量验收检查要点

7.1 自动扶梯和自动人行道电气装置施工准备要求

（1）施工工具主要包括电焊机、手电钻、电烙铁、扳手、钢锯、铁锤、开孔器、压线钳、丝锥、钢丝刷、油漆刷、线坠和剥线钳等。

（2）测量工具主要包括钢板尺、水平尺、盒尺、万用表、绝缘电阻测试仪、接地电阻测试仪等。

（3）施工材料及要求：角钢、螺丝、电焊条、尼龙扎带、绝缘带、黑胶布、防锈漆等规格性能应符合设计图纸及使用要求。各电气设备及部件的规格、型号、质量应符合有关要求，各种开关动作应灵活可靠。

（4）电气装置施工作业条件如下：

1）扶手系统、围裙板、盖板等应安装完毕。

2）与扶梯配套的土建、装饰等部分已完成。

3）现场应有充足的照明，应使用 36V 的低压电照明，且光照亮度符合设计要求。

4）扶梯上、下出入口位置应有明显的警示标志，防止乘客出入。

5）动力电源引至机箱，应独立供电，并设有专用的配电盘。

7.2 自动扶梯和自动人行道电气装置施工工艺

（1）电气装置施工流程如图 3-35 所示。

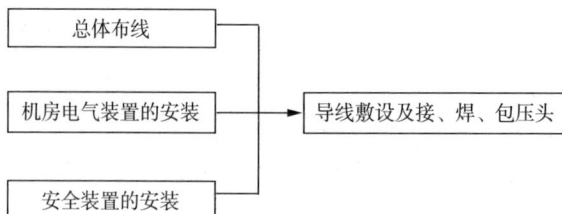

图 3-35 电气装置施工流程

（2）总体布线宜采用全电缆接线，整个系统分为两部分敷线。

（3）靠近上机房的接线经上机房接线盒进控制柜。

（4）靠近下机房的接线经下机房接线盒进控制柜。

（5）控制柜的安装应符合下列规定：

1）控制柜为可移动的，应注意接入控制柜导线的长度，应能使控制柜便于被提出、接线和维修。

2）控制柜为固定的，控制柜的前方应有一个面积不小于 0.3m² 的自由空间，较小边长度不小于 500mm，以便于维修。

（6）检修盒的安装应符合下列规定：

1）应在上、下机房各提供一个用于连接便携式检修盒的检修插座，检修插座的设置应能使检修盒到达扶梯的任何位置。

2）便携式检修盒的电缆长度至少为 3000mm。

3）检修开关应是可自动复位的，并标有"上""下"的字样。

4）检修盒上的停止开关的操作装置应为红色，并标有"急停"的字样。

（7）主开关的安装应符合下列规定：

1）驱动主机机房内应装设一只能切断电动机、制动器释放装置和控制电路电源的主开关，且开关不应切断电源插座或检修所需的照明电路的电源。

2）若加热装置、扶手照明装置和梳齿板照明等辅助设备为分开供电的，主开关不应切断它们，各相应的开关应位于主开关近旁，并有明显标志。

3）主开关处于断开位置时应当可被锁住或处于"隔离"位置，在打开门或活板门后能够方便操作。

（8）接线盒的安装应符合下列规定：

1）接线盒应位于打开上机房的盖板时方便接线和维修的位置。

2）进、出线应分开，低压信号线应用蛇皮管与高压线分开。

（9）桁架内的驱动站、转向站及机房中，应配备符合下列要求之一的电源插座：

1）2P+PE 型 250V 电源插座，由主电源直接供电。

2）当确定无须使用 220V 的电动工具时，应符合安全特低电压的供电要求。

（10）变压器应安装稳固，且应有防止触电的外壳，外壳应接地。

（11）扶梯的安全装置应包括工作制动器、附加制动器、速度监控装置、驱动链条伸长或断裂保护装置、梳齿板保护装置、扶手带入口防异物保护装置、梯级塌陷保护装置、围裙板保护装置、电机保护装置、相位保护装置、急停按钮、扶手带断带保护开关等，安全装置的安装应符合制造单位技术要求。

（12）自动扶梯或者自动人行道应当在速度超过名义速度的 1.2 倍之前自动停止运行。如果采用速度限制装置，该装置应当在速度超过名义速度的 1.2 倍之前切断自动扶梯或者自动人行道的电源。如果自动扶梯或者自动人行道的设计能够防止超速，则可以不考虑上述要求。

（13）链条张紧装置的张紧弹簧端部，当链条因磨损或其他原因变长或断裂时，此断裂保护装置开关动作。

（14）驱动链条伸长或断裂保护装置的工作距离应符合制造单位的要求。

（15）梳齿板保护装置的安装应符合制造单位的要求。

（16）在扶手转向端的扶手带入口处应当设置手指和手的保护装置，该装置动作时，驱动主机应当不能启动或立即停止。

（17）梯级塌陷保护装置的安装应符合制造单位的要求。

（18）围裙板保护装置的安装应符合下列规定：

1）扶梯正常工作时，围裙板与梯级任何一侧的水平间隙不应大于 4mm，两边的间隙之和不应大于 7mm。

2）调节围裙板保护开关支架的伸出长度，围裙板保护开关与 C 型钢或围裙板背部间隙应为 0.5mm。

（19）紧急停止装置应当设置在自动扶梯或自动人行道出入口附近、明显且易于接近的位置。紧急停止装置应当为红色，并有清晰的永久性中文标志。当紧急停止装置位于扶手装置高度的 1/2 以下时，应在扶手装置 1/2 高度以上醒目位置张贴直径至少为 80mm 的红底白字"急停"指示标志，箭头指向紧急停止装置。为方便接近，必要时应当增设附加紧急停止装置。紧急停止装置之间的距离应符合下列规定：

1）自动扶梯，不超过 30m。

2）自动人行道，不超过 40m。

3）当扶梯出入口可能被闸门、防火门等建筑结构阻挡时，在梯级、踏板或胶带到达距离梳齿板梳齿与踏面相交线 2000～3000mm 处，在扶手带高度位置增设附加紧急停止开关，该开关能从扶梯乘客站立区域操作。

7.3 扶梯和人行道电气装置施工质量验收检查要点

（1）各种安全保护开关应固定可靠，且不得采用焊接方式。

（2）扶梯的供电电源应单独敷设。

（3）保护接地（接零）系统应良好，电气设备的金属外壳应有良好的保护接地（接零）。电线管、槽及箱连接处的跨接地线应紧密牢固、无遗漏。

（4）应当设置断相、错相保护装置。当运行与相序无关时，可不装设错相保护装置。

（5）电动机短路过载保护装置应能切断电动机所有供电，并采用手动复位。

（6）当动力电源或控制电路断电时，工作制动器应可靠制动。

（7）超过名义速度140%之前或在梯级、踏板、胶带等改变规定运行方向时，附加制动器应起作用。

（8）上下行开关应能明显识别运行方向。

（9）当手指或异物进入入口护罩时，扶手带入口保护装置应动作。

（10）当有异物卡入，并且梳齿板与梯级或者踏板不能正常啮合，导致梳齿板与梯级或者踏板发生碰撞时，自动扶梯或者自动人行道应当自动停止运行。

（11）当异物夹入梯级和围裙板间，阻力超过允许值时，围裙板保护开关应动作。

（12）在速度超过名义速度120%之前，超速保护装置应动作。

（13）自动扶梯或者倾斜角不小于6°的倾斜式自动人行道应当设置一个装置，使其在梯级、踏板或者胶带改变规定运行方向时，自动停止运行；只有手动复位故障锁定，并且操作开关或者检修控制装置，才能重新启动自动扶梯或者自动人行道。即使电源发生故障或者恢复供电，此故障锁定也应当始终保持有效。

（14）当梯级或者踏板的任何部分下陷导致不再与梳齿板啮合时，应当有安全装置使自动扶梯或者自动人行道停止运行；该装置应当设置在每个转向圆弧段之前，并且离梳齿板梳齿与踏面相交线有足够距离，以保证下陷的梯级或者踏板不能到达梳齿板与踏面相交线；该装置动作后，只有手动复位故障锁定，并且需要操作开关或者检修控制装置才能重新启动自动扶梯或者自动人行道；即使电源发生故障或者恢复供电，此故障锁定也应当始终保持有效。

（15）检修控制装置的操作元件应当能够防止发生意外动作，自动扶梯或者自动人行道的运行应当依靠持续操作。使用检修控制装置时，其他所有启动开关都不起作用。当连接一个以上的检修控制装置时，所有检修控制装置都不起作用。

（16）上、下机房内的配电柜、控制柜等电气设备应布局合理，整齐美观。

（17）配电盘、柜、箱、盒及设备配线应连接牢固，接触良好，包扎紧密，绝缘可靠，标志清楚，绑扎紧密可靠。

（18）电线管、槽安装应牢固、无损伤，局部走线合理，出线口准确，槽盖齐全平整，与箱盒及设备连接正确。

（19）电气装置的附属构架、电线管槽等非带电金属部分的防腐处理应涂漆均匀、无遗漏。

7.4　扶梯和人行道电气装置施工注意事项

（1）施工现场应有防范措施，以免物品被盗或被破坏。

（2）扶梯的梯路系统及上、下机房，应保持清洁、无杂物，以免扶梯运转时损坏设备。

（3）槽盒不应用电气焊等方法切割或开孔。

（4）低压信号线，应用蛇皮管与高压线分开。

（5）槽盒连接处的跨接地线不可遗漏，使用铜线跨接，连接处的螺丝应加垫片，各地线应直接连接到接线柱端子，不可串接。

（6）各安全开关应固定可靠，不得因扶梯正常运转使其产生位移、损坏和误动作。

（7）预先清理自动扶梯底坑油污及杂物，防止火灾。

（8）带电部件和电动工具设备，绝缘应良好，并配备漏电保护器。

8 自动扶梯和自动人行道试验与试运行施工及质量验收检查要点

8.1 自动扶梯和自动人行道试验与试运行施工准备要求

（1）施工工具主要包括棘轮扳手、组合螺丝刀、活扳手、内六角扳手、套筒扳手、钢丝钳、斜口钳、扁嘴钳、尖嘴钳、剥线钳、电烙铁、焊锡、手电筒、试电笔等。

（2）测量工具主要包括测力仪、游标卡尺、塞尺、钢板尺、钢卷尺、摇表、万用表、钳流表、数字转速表、声级计、半导体点温计、示波器等。测试仪器、仪表和量具精度要求：速度、时间和长度精度要求为 ±1%，加速度、减速度精度要求为 ±2%，电压、电流精度要求为 ±5%。测试用的仪器、仪表和量具应在法定的计量部门校验的有效期内。

（3）施工材料及要求：自动扶梯和自动人行道设备及附属装置应有出厂证明，并全面检查，确认符合要求后方可进行调试工作。自动扶梯和自动人行道整梯安装完成后，相关土建也要配合完成。

（4）试验、试运行施工作业条件：

1）桁架、扶手系统、梯级、护壁板、围裙板、盖板、电气装置等均应已安装完毕，具备运转条件，并进行了分项验收。

2）上、下机房及梯路系统等应已清理完毕。

3）各安全保护装置功能应齐全有效。

4）输入电源应正常可靠，电压波动应在 ±7% 范围内。

5）自动扶梯和自动人行道及其周边，尤其在梳齿板的附近应有足够和适当的照明，出入口附近的光照度应大于 50lx。

6）自动扶梯和自动人行道全部调整完成后，敷设周围地面时，应对自动扶梯和自动人行道采取防水防污等防护措施。

7）桁架的外装饰板的材质宜采用不锈钢或阻燃型木质装饰夹板等，不应采用易碎易燃材料，外装饰板的重量不应大于 150N/m²。

8.2 自动扶梯和自动人行道试验与试运行施工工艺

（1）自动扶梯和自动人行道的调整、试验、试运行应按产品说明书的要求进行，如图 3-36 所示。

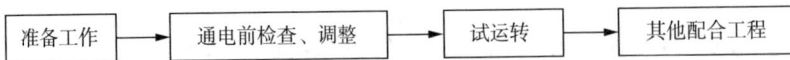

准备工作 → 通电前检查、调整 → 试运转 → 其他配合工程

图 3-36　自动扶梯和自动人行道的调整、试验、试运行

（2）随机文件、有关图纸、说明书、合格证等应齐全，调试人员应读懂该自动扶梯和自动人行道的全部随机文件，熟悉自动扶梯和自动人行道的性能特点和测试仪器的使用方法。

（3）应对全部电气设备、机械设备进行清洁，检查全部部件的螺栓、平光垫、弹簧垫、卡簧等应齐全并紧固，开口销应开尾正确。检查设备、元器件应完好无损。

（4）上、下出入口位置应封闭并设立警示标志，非专业人员不得进入。

（5）应对照随机发放的电气图纸，检查各处接线以及与本系统连接的外部接线。

（6）电磁制动器的制动力矩在出厂时，应已调试好。

（7）当空载或有载下行的停止距离不在规定范围内时，应重新调整；电磁制动器调整的步骤如下：

1）松开防松螺母后，转动调整螺栓调整转矩，顺时针方向时，力矩应增加。逆时针方向时，力矩应减小。

2）应以相等距离按同一方向转动每一只调整螺栓，使每一只弹簧的作用等同。

3）重复上述调整，停止距离应控制在 200 ～ 1000mm。

4）制造单位有其他调整方法的，按制造单位要求进行调整。

（8）微调围裙板安装尺寸，以便升降梯级，当梯级靠近导轨的任何部分时，与围裙板的间隙均不应有超越标准的部分，且保证梯级与围裙板不发生接触和摩擦的现象。

（9）围裙板与梯级的间隙左右尺寸应符合表 3-9 所示。

表3-9　围裙板与梯级的间隙左右尺寸

间隙	标准	补充规定
左	$1 \leq R \leq 4.0$mm	老化（外损变形）产生的间隙规定如下： $R+L \leq 7$mm，$R=L=0.5\sim4.0$mm
右	$1 \leq L \leq 4.0$mm	
	$R=L$，$R+L \leq 7$mm	

（10）扶手带速度的调整应符合下列规定：

1）调节张紧装置弹簧的长度，扶手带的张力应符合制造单位的设计要求。

2）扶手带的运行速度相对于梯级、踏板或者胶带实际速度的允许偏差为 0%～2%。

（11）梳齿板与梯级间隙的调整：打开梳齿板两侧的内盖板，调节梳齿板连杆及每块梳齿板的倾角。

（12）按照随机文件的润滑总表，通过加油装置给各部件加油。

（13）供电检查应符合下列规定：

1）相序检查：当相序有提示时，应交换供电相序；当提示可行时，则相序正常。

2）电压检查：当电压波动为 7% 以上时，应改变供电条件。

（14）试运转应符合下列规定：

1）将检修开关拨到检修位置，按上（下）按钮，自动扶梯应按指令上行（下行）。

2）当发现自动扶梯和自动人行道有异常现象时，应立即切断电源，排除故障后，方可运行。

3）将检修开关拨到正常位置，用钥匙将运行开关拨到上行（下行）位置，自动扶梯和自动人行道应按指令上行（下行）。

8.3　自动扶梯和自动人行道试验与试运行施工质量验收检查要点

（1）所有梯级都应顺利通过梳齿板。

（2）所有梯级与围裙板不得发生摩擦现象，且运行平稳，无异常声音发生。

（3）相邻两梯级之间的整个啮合过程无摩擦现象。

（4）空载运行时，梯级及盖板上1米处所测的运行噪声不应超过68dB（A）。

（5）在额定频率和额定电压下，梯级、踏板或者胶带沿运行方向空载时，所测的速度与名义速度之间的最大允许偏差为5%。

（6）扶手带的运行速度相对于梯级的速度误差为0%～2%。

（7）功能试验应按合同规定确保各项功能齐全、准确、可靠。

（8）安全装置试验应按相关国家标准的试验方法进行，动作应灵活可靠。

（9）制动器制动可靠，间隙均匀，具体间隙值应符合产品要求。

（10）自动扶梯和自动人行道空载和有载向下运行制停距离应符合表3-10要求。

表3-10　自动扶梯和自动人行道空载和有载向下运行制停距离

名义速度（m/s）	制停距离范围（m）
0.5	0.20~1.00[a]
0.65	0.30~1.30[a]
0.75	0.40~1.50[a]
0.90	0.55~1.70[a]

注：不包括端点数值。

（11）运行考核：在空载情况下，自动扶梯和自动人行道正反转运行2小时，电动机减速器温升小于60℃，各部件运转正常，不得有故障发生。

（12）驱动主机运转应平稳、无异常响声和振动，减速箱内温度不得高于85℃。

（13）连接件、紧固件应无松动现象。

（14）附加制动器应能使具有制动载荷向下运行的自动扶梯和自动人行道有效减速停止，并保持静止状态；减速度不应超过1m/s²；附加制动器动作时，不必保证对工作制动器所要求的制停距离；附加制动器应为机械式的；附加制动器在速度超过名义速度1.4倍之前和在梯级、踏板或胶带改变其运行方向时的两者任意一种情况下都应起作用；附加制动器在动作开始时应强制切断控制电路；当电源发生故障或安全回路失电时，允许附加制动器和工作制动器同时动作，此时停制条件应符合自动扶梯和自动人行道的制停距离的相关规定。

8.4　自动扶梯和自动人行道试验与试运行施工注意事项

（1）试运行前，自动扶梯和自动人行道上、下、出入口应封闭并设立明显的警示标志，非专业人员不得进入。

（2）试运行需两人以上配合时，操作人员应听到准备完毕的信号后方可运行自动扶梯和自动人行道。

（3）检查电压后，应盖好电源的保护盖板。

（4）在自动扶梯和自动人行道运行前，专业人员听到警告铃声后应注意安全。

（5）自动扶梯和自动人行道调试完成后，在没移交客户前，应做好自动扶梯和自动人行道的防护工作。

（6）应保护好室内的自动扶梯和自动人行道，不得淋雨。

（7）自动扶梯和自动人行道的调试工作应按照产品图纸、调试说明书及有关资料的要求进行，调试过程中不可随意更改线路或自行盲目调整可调元件，不得造成意外损失。

（8）更换控制柜内的保险时，其额定的电流与回路的额定电流应相符。

（9）接触器、继电器的质量应良好，其铁芯接触面不得有油污，断电时不应有剩磁。

（10）自动扶梯和自动人行道均应采用微机控制，不应用手随意接触线路板上的电子元器件；当需取（存）放线路板时，应先用身体接触接地金属导体放电，取下的线路板应放在导电乙烯膜、铝箔或白铁板等可导电的材料上，防止静电击穿线路板。

（11）在自动扶梯和自动人行道调试过程中，每项工作均应填写测试记录或调试报告，并应满足现行国家有关标准的规定。

（12）在自动扶梯和自动人行道调试过程中，发现零部件不合格时，应及时联系制造单位进行更换；当调试不合格时，应重新调试，直到合格。

（13）按检修上行、下行按钮和快车运行前，应有 1 ~ 2s 的自动提示警告铃。

（14）在自动扶梯和自动人行道入口处及附近，应设立乘坐标牌、标志、使用须知牌等，提示注意事项，以免发生意外事故。

（15）注意底坑部件和工具的码放，照明要良好，防止出现绊人、砸伤或划伤的情况。

第四章

电梯运维管理

电梯作为现代建筑中不可或缺的运输工具，其安全与高效运行对于人们出行至关重要。良好的电梯运维管理不仅能保障乘客的安全，还能延长电梯的使用寿命，提高使用者满意度，减少故障发生率，保证电梯运行的可靠性和经济性。

第一节　电梯使用单位基本要求

电梯使用单位是指实际行使电梯使用管理权的单位。符合下列情形之一的单位为电梯使用单位：

（1）新安装电梯且未移交所有权人的，项目建设单位是使用单位。

（2）电梯为单一产权且自行管理的，电梯所有权人是使用单位。

（3）委托物业服务企业等市场主体管理电梯的，受委托方是使用单位。

（4）出租房屋内安装电梯或者出租电梯的，出租单位是使用单位，法律另有规定或者当事人另有约定的，从其规定或者约定。

（5）电梯属于共有产权的，共有人须委托物业服务企业、维护保养单位（简称维保单位）或者专业公司等市场主体管理电梯，受委托方是使用单位。

上述情形之外无法确定使用单位的，由电梯所在地乡镇人民政府、街道办事处协调确定使用单位，或者由电梯所在地乡镇人民政府、街道办事处承担使用单位责任。

1　电梯使用单位一般要求

（1）电梯的日常维护保养应符合《电梯维护保养规则》（TSG T5002）的规定。

（2）电梯的日常维护保养应由依法取得相关资质的单位进行。

2 电梯使用单位工作基本要求

2.1 电梯使用单位主要义务

（1）建立并且有效实施特种设备安全管理制度和高耗能特种设备节能管理制度，以及操作规程。

（2）采购、使用取得许可生产（含设计、制造、安装、改造、修理，下同）并且经检验合格的特种设备，不得采购超过设计使用年限的特种设备，禁止使用国家明令淘汰和已经报废的特种设备。

（3）设置特种设备安全管理机构，配备相应的安全管理人员和作业人员，建立人员管理台账，开展安全与节能培训教育，保存人员培训记录。

（4）办理使用登记，领取特种设备使用登记证（简称使用登记证），设备注销时交回使用登记证。

（5）建立特种设备台账及技术档案。

（6）对特种设备作业人员作业情况进行检查，及时纠正违章作业行为。

（7）对在用特种设备进行经常性维护保养和定期自行检查，及时排查和消除事故隐患。对在用特种设备的安全附件、安全保护装置及其附属仪器仪表进行定期校验（检定、校准）、检修，及时提出定期检验和能效测试申请，接受定期检验和能效测试，并且做好相关配合工作。

（8）制定特种设备事故应急专项预案，定期进行应急演练；发生事故及时上报，配合事故调查处理等。

（9）保证特种设备安全、节能的必要投入。

（10）法律法规规定的其他义务。

使用单位应当接受特种设备安全监管部门依法实施的监督检查。

2.2 电梯安全管理机构

电梯安全管理机构是指使用单位中承担电梯安全管理职责的内设机构，其职责是贯彻执行电梯有关法律法规和安全技术规范及相关标准，负责落实使用单位的主要义务。

设置条件：使用为公众提供运营服务的电梯[①]的单位，或者在公众聚集场所[②]使用30台以上（含30台）电梯的单位，或者使用特种设备（不含气瓶）总量50台以上（含50台）的电梯使用单位，应当设置电梯安全管理机构，逐台落实安全责任人。

3 电梯使用单位人员基本要求

3.1 电梯使用单位主要负责人职责

电梯使用单位主要负责人对本单位电梯使用安全全面负责，建立并落实电梯使用安全主体责任的长效机制。电梯使用单位应当支持和保障电梯安全总监和电梯安全员依法开展电梯使用安全管理工作，在作出涉及电梯安全的重大决策前，应当充分听取电梯安全总监和电梯安全员的意见与建议。

3.2 电梯安全总监和电梯安全员基本要求

（1）电梯安全总监和电梯安全员配备要求如下：

1）电梯使用单位应当依法配备电梯安全总监和电梯安全员，明确电梯安全总监和电梯安全员的岗位职责。电梯安全总监和电梯安全员应当按照岗位职责，协助单位主要负责人做好电梯使用安全管理工作。

2）电梯使用单位应当根据本单位电梯的数量、用途、使用环境等情况，配备电梯安全总监和足够数量的电梯安全员，并逐台明确负责的电梯安全员。

3）电梯使用单位应当对电梯安全总监和电梯安全员进行法律法规、标准和专业知识培训、考核，同时对培训、考核情况予以记录并存档备查。

4）电梯安全总监和电梯安全员应当具备电梯使用安全管理能力。

5）电梯安全总监和电梯安全员应当熟悉电梯相关法律法规、安全技术规范、标准和本单位电梯安全使用要求。

6）电梯安全总监和电梯安全员应当具备识别和防控电梯使用安全风险的

---

① 为公众提供运营服务的特种设备使用单位，是指以特种设备作为经营工具的使用单位。

② 公众聚集场所，是指学校、幼儿园、医疗机构、车站、机场、客运码头、商场、餐饮场所、体育场馆、展览馆、公园、宾馆、影剧院、图书馆、儿童活动中心、公共浴池、养老机构等。

专业知识。

7）电梯安全总监和电梯安全员应当具备按照相关要求履行岗位职责的能力。

8）电梯安全总监和电梯安全员应当符合有关电梯的法律法规和安全技术规范的其他要求。

（2）电梯安全总监职责如下：

1）组织宣传、贯彻与电梯有关的法律法规、安全技术规范及相关标准。

2）组织制定本单位电梯使用安全管理制度，督促落实电梯使用安全责任制，组织开展电梯使用安全合规管理。

3）组织制定电梯事故应急专项预案并开展应急演练。

4）落实电梯安全事故报告义务，采取措施防止事故扩大。

5）对电梯安全员进行安全教育和技术培训，监督、指导电梯安全员做好相关工作。

6）按照规定组织开展电梯使用安全风险评价工作，拟定并督促落实电梯使用安全风险防控措施。

7）对本单位电梯使用安全管理工作进行检查，及时向主要负责人报告有关情况，提出改进措施。

8）接受和配合有关部门开展电梯安全监督检查、监督检验、定期检验和事故调查等工作，如实提供有关材料。

9）本单位投保电梯保险的，落实相应的保险管理职责；同时电梯使用单位应当结合本单位实际情况，细化制定《电梯安全总监职责》。

（3）电梯安全员职责如下：

1）组织建立特种设备安全技术档案。

2）办理特种设备使用登记。

3）组织制定特种设备操作规程。

4）组织开展特种设备安全教育和技能培训。

5）组织开展特种设备定期自行检查。

6）编制特种设备定期检验计划，督促落实定期检验和隐患治理工作。

7）按照规定报告特种设备事故，参加特种设备事故救援，协助进行事故调查和善后处理。

8）发现特种设备事故隐患，应立即进行处理；情况紧急时，可以决定停止使用特种设备，并且及时报告本单位安全管理负责人。

9）纠正和制止特种设备作业人员的违章行为。

4 电梯使用单位安全管理制度

电梯使用单位应当按照相关法律法规、规章和安全技术规范的要求，建立健全电梯安全管理制度。

4.1 电梯安全管理制度主要内容

（1）电梯相关人员岗位职责。

（2）安全操作规程。

（3）电梯维护保养、定期自行检查制度。

（4）电梯使用登记、定期检验、自行检测等管理制度。

（5）电梯隐患排查治理制度。

（6）电梯钥匙使用管理制度。

（7）意外事件或事故的应急救援预案及应急救援演习制度。

（8）作业人员及相关运营服务人员的培训考核制度。

4.2 电梯安全技术档案

电梯使用单位应建立电梯安全技术档案，并保证电梯安全技术档案的完整性。电梯安全技术档案至少应包括以下内容：

（1）设计文件、产品质量合格证明、安装及使用维护保养说明、监督检验证明等相关技术资料和文件。

（2）特种设备使用登记表。

（3）设备及其零部件、安全保护装置的产品技术文件。

（4）电梯及其附属仪器仪表的维护保养记录。

（5）安全附件和安全保护装置的校验、检修、更换记录和有关报告。

（6）安装、改造、重大修理的有关资料、报告等。

（7）日常检查与使用状况记录、维保记录、年度自行检查记录或者报告书、应急救援演习记录。

（8）安装、改造、重大修理监督检验报告书，定期检验报告书和定期自行检查记录。

（9）故障和事故记录及事故处理报告。

日常检查与使用状况记录、维保记录、年度自行检查记录或者报告书、应急救援演习记录、定期检验报告书、设备运行故障记录应至少保存 4 年，其他资料应长期保存。当使用单位发生变更时，应移交电梯安全技术档案。

4.3　电梯使用登记

（1）登记时间：电梯使用单位应当在电梯投入使用前或者投入使用后 30 日内，向负责特种设备安全监督管理的部门办理使用登记，取得使用登记证书。

（2）变更登记：电梯改造、移装、变更使用单位或者使用单位更名的，相关单位应当向登记机关申请变更登记。

（3）停用和启用：电梯拟停用 1 年以上的，使用单位应当采取有效的保护措施，并且设置停用标志，在停用后 30 日内填写《电梯停用报废注销登记表》，告知登记机关。重新启用时，使用单位应当进行自行检查，到使用登记机关办理启用手续，超过检验检测有效期的，应当按照有关要求进行检验检测。

（4）报废：电梯报废的，产权单位应当采取必要措施消除该电梯的使用功能，按规定办理报废手续。

4.4　电梯日常维护保养

（1）使用单位应当委托取得相应许可的电梯制造单位或者安装、改造、修理单位进行日常维护保养，并与电梯维保单位签订维保合同。

（2）监督电梯维保单位定期检修、保养电梯，并对电梯的维护保养过程和结果进行监督确认，确保电梯安全性能符合安全技术规范和电梯制造单位的要求。

4.5　电梯标志等

（1）特种设备使用标志、安全注意事项、警示标志应当置于乘客易于注意的显眼位置。

（2）电梯轿厢内应设有铭牌，标明额定载重量及乘客人数、制造单位名称或者商标。

（3）改造后的电梯，加贴铭牌上标明额定载重量及乘客人数（载货电梯可以只标额定载重量）、改造单位名称或者商标。

（4）轿厢内设有 IC 卡系统的电梯，轿厢内出口层按钮采用凸起的星形图案，或者采用与其他按钮颜色明显不同的绿色按钮。

5　电梯日常维护保养合同的基本要求

电梯使用单位应与电梯维保单位签订电梯日常维护保养合同。电梯日常维护保养合同内容至少应包括如下几项：

（1）日常维护保养期限。

（2）日常维护保养内容。

（3）日常维护保养标准。

（4）双方责任、权利和义务。

（5）电梯发生故障时的应急处置要求。

（6）争议及违约的处理方式。

第二节　电梯维保单位基本要求

1　电梯维保单位一般要求

电梯日常维护保养是指对电梯设备、构件和机械设备进行定期检查、维修和保养，以确保电梯的安全运行，延长其使用寿命，减少故障和事故的发生率，提高电梯的运行效率和舒适度。维保单位应在日常维护保养过程中严格执行安全技术规范要求，保证其日常维护保养的电梯的安全性能。

电梯日常维护保养工作包含曳引与强制驱动电梯、液压电梯、自动扶梯与自动人行道、杂物电梯、消防员电梯、防爆电梯的日常维护保养工作。进行电梯维保时，如果发现电梯存在的问题需要通过增加维保项目（内容）予以解决的，那么维保单位应相应增加并且及时修订维保计划与方案。当通过维保或者自行检查，发现电梯仅依据合同规定的维保内容已经不能保证安全运行，需要改造、修理（包括更换零部件）、更新电梯时，维保单位应书面告知使用单位。

2　电梯维保单位工作基本要求

电梯维保单位应按照安装使用维护说明书的规定，并且根据所保养电梯使用的特点，制订合理的维保计划与方案，对电梯进行清洁、润滑、检查、调整，更换不符合要求的易损件，使电梯达到安全要求，保证电梯能够正常运行。

（1）应按照有关安全技术规范及电梯产品安装使用维护说明书的要求，制订维保计划与方案。

（2）应按照维保方案实施电梯维保，并在维保期间落实现场安全防护措施，保证施工安全。

（3）应制定应急措施和救援预案，每半年至少应针对本单位维保的不同类别（类型）电梯进行一次应急演练。

（4）应设 24 小时维保值班电话，保证接到故障通知后及时予以排除；接到电梯困人故障报告后，维保人员及时抵达需维保电梯所在地实施现场救援，抵达时间不超过 30min。

（5）对电梯发生的故障等情况，应及时进行详细的记录。

（6）应建立每部电梯的维保记录，及时归入电梯安全技术档案。

（7）应协助使用单位制定电梯的安全管理制度和应急救援预案。

（8）应对维保人员进行安全教育与培训，按照特种设备作业人员考核要求，组织维保人员取得相应资质，培训和考核记录应存档备查。

（9）每年度应至少进行一次自行检查，自行检查在特种设备检验机构进行定期检验之前进行，自行检查项目及其内容根据使用状况确定，但是不少于年度维护保养和电梯定期检验规定的项目及内容，并且向使用单位出具有审核人员的签字、加盖维保单位公章或者其他专用章的自行检查记录或报告书。

（10）应安排维保人员配合特种设备检验机构进行电梯的定期检验。

（11）在维保过程中，发现事故隐患时应及时告知电梯使用单位；发现严重事故隐患时，应及时向当地特种设备安全监督管理部门报告。

（12）电梯应至少每 15 日进行一次维护保养。

（13）在电梯日常维护保养作业中，现场维保人员不得少于两人。

（14）应填写两份维保记录，由使用单位和维保单位各保存一份，保存时间为 4 年。

采用信息化技术实现无纸化电梯维保记录的，其维保记录格式、内容应满足相关法律法规和安全技术规范的要求。使用无纸化电梯维保记录系统的，其数据在保存过程中不得有任何程度和任何形式的更改，确保数据储存公正、客观和安全，并可实时进行查询。

3 电梯维保单位维保人员基本要求

维保人员应按照国家有关规定经特种设备安全监督管理部门考核合格，依法取得相应作业人员证书，方可从事相应的作业或者管理工作。

维保人员应严格按照有关标准和企业工艺规范对所负责的电梯进行日常维护保养，并对日常维护保养情况进行记录，对记录结果及结论的真实性负责。

3.1 维保人员职责

（1）严格执行特种设备安全管理制度，并且按照操作规程进行操作。

（2）按照规定填写作业、交接班等记录。

（3）参加安全教育和技能培训。

（4）进行经常性维护保养，及时处理发现的异常情况，并且作出记录。

（5）在作业过程中发现事故隐患或者其他不安全因素的，应当立即采取紧急措施，并且按照规定的程序向特种设备安全管理人员和单位有关负责人报告。

（6）参加应急演练，掌握相应的应急处置技能。

3.2　维保人员配备

特种设备使用单位应当根据本单位的特种设备数量、特性等配备相应持证的特种设备作业人员，并且在使用特种设备时应当保证每班至少有一名持证的作业人员在岗。有关安全技术规范对特种设备作业人员有特殊规定的，从其规定。

医院病床电梯、直接用于旅游观光的额定速度大于 2.5m/s 的乘客电梯，以及需要司机操作的电梯，应当由持有相应特种设备作业人员证的人员操作。

4　电梯维保作业安全基本要求

在对乘客电梯、载货电梯、自动扶梯和自动人行道的维保过程中可能会产生对维保人员有危害的事件。为此，应对电梯维保过程中人员的行为加以限制，以预防和减少伤亡事故。

电梯安装维修人员，应经过专业技术培训和安全操作培训，持有相应项目的特种设备作业人员证，方可上岗操作。其他需要持证上岗的工种如电工、登高作业、有限空间作业等特种作业人员，均应经安全技术培训并考试合格，持有特种作业人员证书方可操作。应保证所有施工安全标志、须知、注意事项及操作说明清晰，并设置在明显位置。

4.1　电梯维保安全操作要求

（1）进入作业场所要求如下：

1）应穿戴劳动防护用品。

2）作业前，应检查设备和工作场地，排除故障和隐患。

3）确保安全防护、信号和联锁装置齐全、灵敏、可靠。

4）设备应定人、定岗操作。

（2）工作中，应集中精力，坚守岗位，不准擅自把自己的工作交给他人。

（3）当二人以上共同工作时，应有主有从，统一指挥；工作场所不准打闹、玩耍和做与本职工作无关的事。

（4）严禁酒后进入工作岗位。

（5）不准跨越正在运转的设备，不准横跨运转部位传递物件，不准触及运转部位；不准站在旋转工件或可能爆裂飞出物件、碎屑等部位的正前方进行操作、调整、检查，不准超限使用设备机具。

（6）安装作业完毕或中途停电，应及时切断安装施工所用电源开关，才准离岗。

（7）在修理机械、电气设备前，应在切断的动力开关处设置标志，如"有人工作，严禁合闸"的警示牌。必要时应设专人监护或采取防止电源意外接通的技术措施。非工作人员禁止摘牌合闸。一切动力开关在合闸前应细心检查，确认无人员检修时方可合闸。

（8）一切电气、机械设备及装置的外露可导电部分，除另有规定外，应有可靠的接地装置并保证其连通性。非电气工作人员不准安装、维修电气设备和线路。

（9）注意警示标志，严禁跨越危险区，严禁攀登吊运中的物件，严禁在吊物、吊臂下通过或停留。

（10）在施工现场要设置安全遮拦和标记，应提供充足的照明以确保安全出入及安全的工作环境，控制开关和为便携照明提供电源的插座应安装在接近工作场所出入口的地方。

（11）应保护所有的照明设备以防止机械破坏。

（12）所有金属移动爬梯与地面接触部位应有绝缘材料和防滑措施。

（13）电梯施工前的准备工作如下：

1）应确定项目负责人、安全管理人员、施工班组及作业人员。

2）应在认真审核图纸资料的基础上勘察施工现场，有针对性地编写施工方案和安全措施。

3）进场前应对所有施工人员进行安全交底，并做好交底记录。

4）在作业的层门口、机房入口应做好安全防护、设置安全标志，确认其完好可靠。

5）应对电动工具、电气设备、起重设备、吊索具、安全装置等进行检查，确认其安全有效。

6）应对个人携带的安全防护用品进行检查，确认其完好齐全。

（14）进入施工现场应佩戴安全帽，并穿工作服、工作鞋等安全防护用品。

（15）施工现场严禁吸烟。

（16）电焊、气焊等明火作业应提出动火申请，得到有关部门批准后方可进行动火作业。进入井道及在 2m 以上的高空作业，应佩戴安全带，并确认安全可靠。在层门口作业时也应佩戴安全带。

（17）电动工具应在装有漏电保护开关的电源上使用，使用前应试验漏电保护按钮，确认漏电保护开关有效。

（18）井道施工禁止上下交叉作业。

（19）除作业需要外，层门口防护栏（门）不应打开，防护栏（门）打开时应有人监护。

（20）进入井道前应将各层门口附近的杂物清理干净，以防落入井道，伤及井道内的作业人员。

（21）应将安装材料码放在层门口的两侧，不应在层门口前放置任何物品，以防物品落入井道。

（22）严禁在井道内上下抛掷工具、零件、材料等物品。

（23）施工现场用电应遵守现场用电安全的有关规程。

（24）施工作业用电应从产权单位指定的电源接电，并使用专用的电源配电箱，配电箱应能上锁。

（25）配电箱内的开关、保险、电气设备的电缆等应与所带负荷相匹配。严禁使用其他材料代替保险丝。

（26）井道作业的手持式移动照明应使用 36V 以下的安全电压。作业面应有良好的照明。

（27）所有的电气设备均应在保持完好的状态下使用。

（28）电焊机的地线应与所焊工件可靠连接，严禁用脚手架或建筑物钢筋代替地线。

4.2 电梯维保的消防安全要求

（1）进行电焊、气焊作业时应遵守相应的安全操作规程。

（2）进行电焊、气焊等明火作业时，应在作业处清理易燃易爆品，并设置防火员，配备灭火器；进行井道明火作业时，除在作业处外，还应在最底层设置底坑防火员，配备灭火器，作业前清除底坑内的易燃物。

（3）明火作业结束后，防火员应确认无明火和火灾隐患后方可离开。

（4）存放配件的库房应配备灭火器，库房内严禁明火。

4.3 电梯维保作业联络

（1）两人以上（含两人）共同作业时应根据距离的远近及现场的情况确定联络方式，其目的是保证联络有效，可以采用喊话、对讲机、轿内电话等形式。

（2）凡需要对方配合或影响另一方工作的，应先联络后操作；对联络人发出的联络信号，被联络人应先进行复述，联络人对复述进行确认并得到对方的同意后再开始作业。

4.4 机房作业安全

（1）进入机房作业时，应将机房与井道的预留孔进行有效覆盖保护，防止杂物掉入井道。

（2）机房与井道配合作业时，应首先进行联络，确认安全后才可打开保护板。

4.5 曳引机吊装安全要求

（1）曳引机应由专业吊装人员吊装进入电梯机房，吊装人员应持有特种作业人员（起重）证书。

（2）吊装就位前应确认机房吊钩的允许负荷大于等于设计要求。

（3）起重装置的额定载荷应大于曳引机自重的 1.5 倍。

（4）索具应采用直径大于 12mm 的钢丝绳，钢丝绳、绳套、绳卡等应符合标准要求。

（5）吊装前应确认吊钩防脱钩装置有效。

（6）索具须吊挂在曳引机的吊环上，不应随意吊挂。

（7）当曳引机吊离地面 30mm 时，应停止起吊，观察吊钩、起重装置、索具、曳引机有无异常，确认安全后方可继续吊装。

（8）吊装时，曳引机上下均不应站人，不应有杂物。

（9）当起重装置将曳引机吊停在半空时，吊装人员不应离开吊装岗位。

（10）当两台以上（含两台）电梯在同一机房作业时，如果有已经运行的电梯，应在已运行的电梯周围拉上警戒线，并悬挂警示标志。

（11）当两台以上（含两台）电梯共用一个机房时，电源开关与电梯的标志编号应一致，以免发生误操作。

4.6　装有多台电梯井道作业安全

（1）装有两台以上（含两台）电梯的井道，施工前应确认井道已经按标准封闭。

（2）井道内只要有一台电梯进行明火作业，其他井道内在明火作业面以下不应有人。

（3）进行导轨吊装、轿厢组装等起重作业时，相邻井道中的作业人员应暂时停止工作并退出井道，待吊装作业完成后再恢复工作。

4.7　紧急操作（盘车）

（1）盘车手轮及用于松开制动器的手柄应符合《电梯、自动扶梯和自动人行道维修规范》（GB/T 18775）中 12.4.1 的要求。

（2）盘车前应确认已经切断该电梯的电源，严禁带电盘车。

（3）盘车前应确认轿厢位置并确认各层层门已经闭锁，轿顶、轿厢、底坑无关人员已经撤离，相关配合作业人员已经做好相应准备，开始盘车前应与配合人员取得联络并得到复述。

（4）盘车时，开闸作业人员应手握制动器释放工具，且释放工具不应脱离制动器，以免失控。

（5）须重力滑行时，应控制其滑行速度不大于检修速度。

（6）使用手轮盘车时，至少应有两人（含两人）配合操作，开闸人员应听从盘车人员的口令。

4.8　电梯相关作业危害

（1）危害涉及的类别包括剪切、挤压、坠落、撞击、被困、火灾、电击、环境影响等。

（2）危害涉及的人员包括使用人员、维修和检查人员、相关方人员。

（3）剪切、挤压事件引起原因如下：开门运行制动器失灵；门保护装置失灵；顶层空间和底坑深度过小；轿厢与对重距离过小；钢丝绳挤伤；轿厢护脚板不符合标准；扶手带安全开关失灵；扶手带与侧板距离不符合标准；梳齿板断齿；扶手带与墙壁或其他物体距离不符合标准；制动器和附加制动器制动力不足；梯级滚轮出槽；梯级链裂断、断链保护失灵；梯级脱落；机房维修空间不符合标准。

（4）高处坠物及人员坠落原因包括：安装、维修电梯时脚手架上坠物；安装、维修电梯时其他施工单位高处坠物；物体从层门落入井道；物体从机房孔落入井道；配重铁碰井道壁致异物坠落；安装导轨时零部件及工具坠落；拼装轿厢时零部件及工具坠落；易滑落重物捆扎不牢；吊索断裂；大部件起吊不平稳；辅助吊具选用不当；起吊时吊索未装牢靠；重物碰撞其他物品引起重物坠落；运行时重物过低致撞人撞物；吊物下站人；起重设备故障引起重物坠落；脚手架上踏空坠落；脚手架损坏引起人员坠落；轿厢顶工作时坠落；用三角钥匙开启层门时踏空坠落；高处施工未系安全带；更换钢丝绳时轿厢及轿厢上的人员坠落；自动扶梯出入口护栏不符合标准；自动扶梯扶手带与梯级运行同步速度差超标。

（5）撞击及打击伤害包括：头伸出轿顶护栏；对重上升或下降撞击；在底坑工作时轿厢或对重下降撞击；安装维修时开门动车引起夹击、撞击；轿顶维修人员与井道顶碰撞；维修人员被另一电梯对重碰撞；盘车手柄回转；旋转部件打击；工具脱手伤人。

（6）被困情况有：轿厢被困；轿顶被困；底坑被困。

（7）引起火灾的原因有：电气焊起火；电气设备漏电起火；化学危险品起

火；违章动用明火；违章吸烟；违章使用电加热设备；电气设备或电线过热。

（8）电击事件有：手持电动工具的电线电缆及插头破损；临时供电线路的电线电缆破损；电气设备的电线电缆破损；临时供电线路的电气插座破损或接线不规范；电气设备的插头、插座不规范或破损；设备漏电；手持电动工具漏电；电梯维修时带电作业；违章架设临时用电线路；使用移动电动工具未接漏电保护器或漏电保护器失灵；在特殊场合未使用安全电压；检修电气设备或线路时未设监护人员；不用插头而直接用电线接取电源；无证从事电气设备的检修或操作；未按规定检查手持电动工具；未按规定检查电气设备；接地或接零装置不良或损坏；电气设备或线路的过载保护装置失灵；曳引机电源接头外露；停电后复电不当引起触电；手持工具接触带电设备或接线端子；电气设备绝缘破损。

（9）生产作业环境不良包括：现场照明不良；工作场所高度或空间不够；工作场所有沟、坑、洞及油污异物；高温环境；有粉尘、烟尘等有害气体。

5 电梯日常维护保养工作的重要性

（1）安全第一：通过规范的维护保养工作，可以有效防止因设备老化、磨损、失效等因素导致的各类安全事故，保护乘客生命、财产安全。

（2）提升设备性能：定期维护有助于保持电梯的良好运行状况，减少停机时间，提高电梯的可用性和乘坐舒适度。

（3）延长使用寿命：良好的保养能够延缓设备的老化过程，降低大修频率，从而延长电梯的整体使用寿命。

（4）满足法规要求：电梯的维护保养须符合国家对于特种设备使用管理规定的要求，必须按规定进行维护保养。

（5）其他要求：特种设备作业人员在作业过程中发现事故隐患或者其他不安全因素时，应当立即向特种设备安全管理人员和单位有关负责人报告。当特种设备运行不正常时，特种设备作业人员应当按照操作规程采取有效措施保证安全。

（6）电梯的维保单位应当对其维护保养的电梯的安全性能负责，接到故障通知后，应当立即赶赴现场，并采取必要的应急救援措施。

6 电梯日常维护保养自检基本要求

电梯日常维护保养自检是指电梯使用单位为保障本单位所使用、管理的电梯的质量安全而组织开展的检测活动。使用单位可以依托自有人员和仪器设备开展自检，也可以委托符合条件的电梯维保单位或者经核准的特种设备检验、检测机构开展自检。自检在维护电梯安全和正常运行方面起着至关重要的作用。

6.1 自检条件

（1）机房或机器设备间的空气温度应保持在 5 ~ 40℃，湿度应保持在电梯安装或维护保养所允许的范围内。

（2）电源输入电压波动应在额定电压值 7% 的范围内。

（3）环境空气中不应含有腐蚀性和易燃性气体及导电尘埃。

（4）在特殊情况下，电梯设计文件对温度、湿度、电压、环境空气条件等进行了专门规定的，应以电梯设计文件的规定为准。

（5）检验现场清洁：没有与电梯工作无关的物品和设备，基站、相关层站等检验现场应放置表明正在进行检验的警示牌。

（6）自动扶梯与自动人行道检验现场应放置表明正在检验的警示标志，并在出入口设置围栏。

（7）对井道进行必要的封闭。

（8）属于法定计量检定范畴的检验检测仪器，应经过计量检定合格，并且在有效期内。

（9）对检测有特殊规定的，应使用相应的检验检测仪器。

6.2 自检基本要求

（1）施工单位应进行自检，并出具相应的自检报告书。

（2）自检报告书分为安装、改造和重大修理监督检验自检报告书和维护保养定期检验自检报告书。

6.3 自检流程要求

（1）施工单位或维保单位应根据第三章规定的内容和要求，结合安装、改造、重大修理等施工过程和维护保养过程，制定包括自检程序和自检流程图在内的自检实施细则。

（2）电梯的安装、改造和重大修理应在自检合格的基础上向检验检测机构提出监督检验申请。

（3）施工单位如采用先进技术和方法进行自检，应确保电梯的安全性能并保证自检报告的准确性。

（4）维保单位应在特种设备使用标志所标注的下次检验日期届满前1个月进行自检。

6.4 自检报告书

（1）自检报告书填写的内容应真实、清楚、齐全。

（2）施工单位或者维保单位应对自检报告书的真实性及其与实物的一致性负责。

（3）定期检验自检报告书应由维保单位技术负责人、维保人员、质检员及使用单位电梯安全管理人员签字。

（4）如果定期检验自检有不合格项目，那么维保单位应及时予以整改并在定期检验自检结论页如实填写。

6.5 自检安全要求

（1）应由取得相应资质的人员进行安装、改造、重大修理和维护保养的自检。

（2）现场检验时，自检人员应佩戴安全防护用品。

（3）现场检验时，自检人员应按照相关规定进行安全作业。

7 电梯日常维护保养项目

本部分内容通过表 4-1 至表 4-17 展示。

7.1 自检检验检测仪器设备

表 4-1 自检检验检测仪器设备

序号	仪器设备或计量器具	精度要求	备注
1	万用表	±5%	
2	钳形电流表	±5%	
3	接地电阻测量仪	±5%	
4	绝缘电阻测量仪	±5%	
5	转速表	±1%	
6	游标卡尺	0.02mm	
7	钢直尺	1级	
8	卷尺	1级	
9	塞尺	1级	
10	声级计	0.1dB（A）	
11	照度计	±5%	
12	测力计	±1%	
13	磁力线锤	/	
14	温湿度计	±5%	
15	放大镜（20倍）	/	
16	常用电工工具	/	
17	便携式检验灯	/	
18	限速器动作速度测试装置	±1%	选用
19	加、减速度测量仪	满足《乘运质量测量》（GB/T24474）中4.2和4.5的规定	选用
20	钢丝绳探伤仪	/	选用
21	导轨垂直度测量仪	/	选用
22	电梯综合性能测试仪	/	选用
23	照相机	/	选用
24	便携式磁粉探伤仪	A1试片	选用
25	压力表	压力$P \leqslant 200$kPa时，±1%；压力$P > 200$kPa时，±5%	液压电梯

7.2 曳引驱动电梯与强制驱动电梯日常维护保养项目

表 4-2 曳引驱动电梯与强制驱动电梯日常维护保养项目（半月）

序号	维护保养项目（内容）	维护保养基本要求	维护保养期限
1	机房、滑轮间环境	清洁，门窗完好，照明正常	
2	手动紧急操作装置	齐全，在指定位置	
3	驱动主机	运行时无异常振动和异常声响	
4	制动器各销轴部位	动作灵活	
5	制动器间隙	打开时制动衬与制动轮不应发生摩擦，间隙值应符合制造单位要求	
6	制动器作为轿厢意外移动保护装置制停子系统时的自监测	制动力人工方式检测符合使用维护说明书要求；制动力自监测系统有记录	
7	编码器	清洁，安装牢固	
8	限速器各销轴部位	润滑，转动灵活；电气开关正常	
9	层门和轿门旁路装置	工作正常	
10	紧急电动运行	工作正常	
11	轿顶	清洁，防护栏安全可靠	
12	轿顶检修开关、停止装置	工作正常	
13	导靴上油杯	吸油毛毡齐全，油量适宜，油杯无泄漏	
14	对重块及其压板	对重块无松动，压板紧固	
15	井道照明	齐全，正常	
16	轿厢照明、风扇、应急照明	工作正常	半月维护保养项目
17	轿厢检修开关、停止装置	工作正常	
18	轿内报警装置、对讲系统	工作正常	
19	轿内显示、指令按钮、IC卡系统	齐全，有效	
20	轿门防撞击保护装置（安全触板，光幕、光电等）	功能有效	
21	轿门锁电气触点	清洁，触点接触良好，接线可靠	
22	轿门运行	开启和关闭工作正常	
23	轿厢平层准确度	符合标准值	
24	层站召唤、层楼显示	齐全，有效	
25	层门地坎	清洁	
26	层门自动关门装置	正常	
27	层门锁自动复位	用层门钥匙打开手动开锁装置释放后，层门锁能自动复位	
28	层门锁电气触点	清洁，触点接触良好，接线可靠	
29	层门锁紧元件啮合长度	不小于7mm	
30	底坑环境	清洁，无渗水、积水，照明正常	
31	底坑停止装置	工作正常	

表4-3 曳引驱动电梯与强制驱动电梯日常维护保养项目（季度）

序号	维护保养项目（内容）	维护保养基本要求	维护保养期限
1	减速机润滑油	油量适宜，除蜗杆伸出端外均无渗漏	季度维护保养项目
2	制动衬	清洁，磨损量不超过制造单位要求	
3	位置脉冲发生器	工作正常	
4	编码器	工作正常	
5	选层器动静触点	清洁，无烧蚀	
6	曳引轮槽、悬挂装置	清洁，钢丝绳无严重油腻，张力均匀，符合制造单位要求	
7	限速器轮槽、限速器钢丝绳	清洁，无严重油腻	
8	靴衬、滚轮	清洁，磨损量不超过制造单位要求	
9	验证轿门关闭的电气安全装置	工作正常	
10	层门、轿门系统中传动钢丝绳、链条、传动带	按制造单位要求进行清洁、调整	
11	层门门导靴	磨损量不超过制造单位要求	
12	消防开关	工作正常，功能有效	
13	耗能缓冲器	电气安全装置功能有效，油量适宜，柱塞无锈蚀	
14	限速器张紧轮装置和电气安全装置	工作正常	

表4-4 曳引驱动电梯与强制驱动电梯日常维护保养项目（半年）

序号	维护保养项目（内容）	维护保养基本要求	维护保养期限
1	电动机与减速机联轴器	连接无松动，弹性元件外观良好，无老化等现象	半年维护保养项目
2	驱动轮、导向轮轴承部	无异常声响，无振动，润滑良好	
3	曳引轮槽	磨损量不超过制造单位要求	
4	制动器动作状态监测装置	工作正常，制动器动作可靠	
5	控制柜内各接线端子	各接线紧固、整齐，线号齐全清晰	
6	控制柜各仪表	显示正常	
7	井道、对重、轿顶各反绳轮轴承部	无异常声响，无振动，润滑良好	
8	悬挂装置、补偿绳	磨损量、断丝数量不超过要求；采用其他类型悬挂装置的，悬挂装置的磨损、变形等应当不超过制造单位设定的报废指标	
9	端部固定	悬挂钢丝绳绳端固定应当可靠，弹簧、螺母、开口销等部件无缺损；采用其他类型悬挂装置的，其端部固定应当符合制造单位的规定	

续表

序号	维护保养项目（内容）	维护保养基本要求	维护保养期限
10	限速器钢丝绳	磨损量、断丝数量不超过制造单位要求	半年维护保养项目
11	层门、轿门门扇	门扇各相关间隙均符合标准值	
12	轿门开门限制装置	工作正常	
13	对重缓冲距离	符合标准值	
14	补偿链（绳）与轿厢、对重接合处	固定，无松动	
15	上、下极限开关	工作正常	

表4-5　曳引驱动电梯与强制驱动电梯日常维护保养项目（年）

序号	维护保养项目（内容）	维护保养基本要求	维护保养期限
1	减速机润滑油	按制造单位要求适时更换，保证油质符合要求	年维护保养项目
2	控制柜接触器，继电器触点	接触良好	
3	制动器铁芯（柱塞）	进行清洁、润滑、检查，磨损量不超过制造单位要求	
4	制动器制动能力	符合制造单位要求，保持有足够的制动力，必要时进行轿厢装载125%额定载重量的制动试验	
5	导电回路绝缘性能测试	符合标准	
6	限速器—安全钳联动试验（对于使用年限不超过15年的限速器，每2年进行一次限速器动作速度校验；对于使用年限超过15年的限速器，每年进行一次限速器动作速度校验）	工作正常	
7	上行超速保护装置动作试验	工作正常	
8	轿厢意外移动保护装置动作试验	工作正常	
9	轿顶、轿厢架、轿门及附件安装螺栓	紧固	
10	轿厢和对重的导轨支架	固定，无松动	
11	轿厢和对重的导轨	清洁，压板牢固	
12	随行电缆	无损伤	
13	层门装置和地坎	无影响正常使用的变形，各安装螺栓紧固	
14	轿厢称重装置	准确有效	
15	安全钳钳座	固定，无松动	
16	轿底各安装螺栓	紧固	
17	缓冲器	固定，无松动	

7.3 液压电梯日常维护保养项目

表4-6 液压电梯日常维护保养项目（半月）

序号	维护保养项目（内容）	维护保养基本要求	维护保养期限
1	机房环境	清洁，室温符合要求，门窗完好，照明正常	
2	机房内手动泵操作装置	齐全，在指定位置	
3	油箱	油量、油温正常，无杂质、无漏油现象	
4	电动机	运行时无异常振动和异常声响	
5	阀、泵、消音器、油管、表、接口等部件	无漏油现象	
6	编码器	清洁，安装牢固	
7	轿顶	清洁，防护栏安全可靠	
8	轿顶检修开关、停止装置	工作正常	
9	导靴上油杯	吸油毛毡齐全，油量适宜，油杯无泄漏	
10	井道照明	齐全，正常	
11	限速器各销轴部位	润滑，转动灵活，电气开关正常	
12	轿厢照明、风扇、应急照明	工作正常	
13	轿厢检修开关、停止装置	工作正常	
14	轿内报警装置、对讲系统	正常	
15	轿内显示、指令按钮	齐全，有效	
16	轿门防撞击保护装置（安全触板，光幕、光电等）	功能有效	半月维护保养项目
17	轿门锁触点	清洁，触点接触良好，接线可靠	
18	轿门运行	开启和关闭工作正常	
19	轿厢平层准确度	符合标准值	
20	层站召唤、层楼显示	齐全，有效	
21	层门地坎	清洁	
22	层门自动关门装置	正常	
23	层门锁自动复位	用层门钥匙打开手动开锁装置释放后，层门锁能自动复位	
24	层门锁电气触点	清洁，触点接触良好，接线可靠	
25	层门锁紧元件啮合长度	不小于7mm	
26	层门和轿门旁路装置	工作正常	
27	底坑	清洁，无渗水、积水，照明正常	
28	底坑停止装置	工作正常	
29	液压柱塞	无漏油，运行顺畅，柱塞表面光滑	
30	井道内液压油管、接口	无漏油	

表 4-7 液压电梯日常维护保养项目（季度）

序号	维护保养项目（内容）	维护保养基本要求	维护保养期限
1	安全溢流阀（在油泵与单向阀之间）	其工作压力不得高于满负荷压力的170%	季度维护保养项目
2	手动下降阀	通过下降阀动作，轿厢能下降；当系统压力小于该阀最小操作压力时，手动操作应无效（间接式液压电梯）	
3	手动泵	通过手动泵动作，轿厢被提升；相连接的溢流阀工作压力不得高于满负荷压力的2.3倍	
4	油温监控装置	功能可靠	
5	限速器轮槽、限速器钢丝绳	清洁，无严重油腻	
6	验证轿门关闭的电气安全装置	工作正常	
7	轿厢侧靴衬、滚轮	磨损量不超过制造单位要求	
8	柱塞侧靴衬	清洁，磨损量不超过制造单位要求	
9	层门、轿门系统中传动钢丝绳、链条、胶带	按制造单位要求进行清洁、调整	
10	层门门导靴	磨损量不超过制造单位要求	
11	消防开关	工作正常，功能有效	
12	耗能缓冲器	电气安全装置功能有效，油量适宜，柱塞无锈蚀	
13	限速器张紧轮装置和电气安全装置	工作正常	

表 4-8 液压电梯日常维护保养项目（半年）

序号	维护保养项目（内容）	维护保养基本要求	维护保养期限
1	控制柜内各接线端子	各接线紧固，整齐，线号齐全清晰	半年维护保养项目
2	控制柜	各仪表都显示正确	
3	导向轮	轴承部无异常声响	
4	悬挂钢丝绳	磨损量、断丝数量不超过要求	
5	驱动钢丝绳绳头组合	螺母无松动	
6	限速器钢丝绳	磨损量、断丝数量不超过制造单位要求	
7	柱塞限位装置	符合要求	
8	上下极限开关	工作正常	
9	柱塞、消音器放气操作	符合要求	

表4-9　液压电梯日常维护保养项目（年）

序号	维护保养项目（内容）	维护保养基本要求	维护保养期限
1	控制柜接触器、继电器触点	接触良好	年维护保养项目
2	动力装置各安装螺栓	紧固	
3	导电回路绝缘性能测试	符合标准值	
4	限速器—安全钳联动试验（每2年进行一次限速器动作速度校验）	工作正常	
5	随行电缆	无损伤	
6	层门装置和地坎	无影响正常使用的变形，各安装螺栓紧固	
7	轿顶、轿厢架、轿门及附件安装螺栓	紧固	
8	轿厢称重装置	准确有效	
9	安全钳钳座	固定，无松动	
10	轿厢及油缸导轨支架	牢固	
11	轿厢及油缸导轨	清洁，压板牢固	
12	轿底各安装螺栓	紧固	
13	缓冲器	固定，无松动	
14	轿厢沉降试验	符合标准值	

7.4　杂物电梯日常维护保养项目

表4-10　杂物电梯日常维护保养项目（半月）

序号	维护保养项目（内容）	维护保养基本要求	维护保养期限
1	机房、通道环境	清洁，门窗完好，照明正常	半月维护保养项目
2	手动紧急操作装置	齐全，在指定位置	
3	驱动主机	运行时无异常振动和异常声响	
4	制动器各销轴部位	润滑，动作灵活	
5	制动器间隙	打开时制动衬与制动轮不发生摩擦	
6	限速器各销轴部位	润滑，转动灵活，电气开关正常	
7	轿顶	清洁	
8	轿顶停止装置	工作正常	
9	导靴上油杯	吸油毛毡齐全，油量适宜，油杯无泄漏	
10	对重块及压板	对重块无松动，压板紧固	
11	井道照明	齐全，正常	
12	轿门锁触点	清洁，触点接触良好，接线可靠	
13	层站召唤、层楼显示	齐全，有效	

序号	维护保养项目（内容）	维护保养基本要求	维护保养期限
14	层门地坎	清洁	
15	层门锁自动复位	用层门钥匙打开手动开锁装置释放后，层门锁能自动复位	半月维护保养项目
16	层门锁电气触点	清洁，触点接触良好，接线可靠	
17	层门锁紧元件啮合长度	不小于5mm	
18	层门门导靴	无卡阻，滑动顺畅	
19	底坑环境	清洁，无渗水、积水，照明正常	
20	底坑停止装置	工作正常	

表 4-11　杂物电梯日常维护保养项目（季度）

序号	维护保养项目（内容）	维护保养基本要求	维护保养期限
1	减速机润滑油	油量适宜，除蜗杆伸出端外均无渗漏	
2	制动衬	清洁，磨损量不超制造单位要求	
3	曳引轮槽、悬挂装置	清洁，无严重油腻，张力均匀	
4	限速器轮槽、限速器钢丝绳	清洁，无严重油腻	季度维护保养项目
5	靴衬	清洁，磨损量不超制造单位要求	
6	层门、轿门系统中传动钢丝绳、链条、传动带	按制造单位要求进行清洁、调整	
7	层门门导靴	磨损量不超制造单位要求	
8	限速器张紧轮装置和电气安全装置	工作正常	

表 4-12　杂物电梯日常维护保养项目（半年）

序号	维护保养项目（内容）	维护保养基本要求	维护保养期限
1	电动机与减速机联轴器	连接无松动，弹性元件外观良好，无老化等现象	
2	驱动轮、导向轮轴承部	无异常声响，无振动，润滑良好	
3	制动器上检测开关	工作正常，制动器动作可靠	
4	控制柜内各接线端子	各接线紧固、整齐，线号齐全清晰	
5	控制柜各仪表	显示正确	半年维护保养项目
6	悬挂装置	磨损量、断丝数量不超过要求	
7	绳头组合	螺母无松动	
8	限速器钢丝绳	磨损量、断丝数量不超过制造单位要求	
9	对重缓冲距离	符合标准值	
10	上、下极限开关	工作正常	

表 4-13 杂物电梯日常维护保养项目（年）

序号	维护保养项目（内容）	维护保养基本要求	维护保养期限
1	减速机润滑油	按照制造单位要求适时更换，油质符合要求	年维护保养项目
2	控制柜接触器、继电器触点	接触良好	
3	制动器铁芯（柱塞）	分解进行清洁、润滑、检查，磨损量不超过制造单位要求	
4	制动器制动弹簧压缩量	符合制造单位要求，保持有足够的制动力	
5	导电回路绝缘性能测试	符合标准值	
6	限速器—安全钳联动试验（每5年进行一次限速器动作速度校验）	工作正常	
7	轿顶、轿厢架、轿门及附件安装螺栓	紧固	
8	轿厢及对重导轨支架	固定，无松动	
9	轿厢及对重导轨	清洁，压板牢固	
10	随行电缆	无损伤	
11	层门装置和地坎	无影响正常使用的变形，各安装螺栓紧固	
12	安全钳钳座	固定，无松动	
13	轿底各安装螺栓	紧固	
14	缓冲器	固定，无松动	

7.5 自动扶梯与自动人行道日常维护保养项目

表 4-14 自动扶梯与自动人行道日常维护保养项目（半月）

序号	维护保养项目（内容）	维护保养基本要求	维护保养期限
1	电气部件	清洁，接线紧固	半月维护保养项目
2	故障显示板	信号功能正常	
3	杂物和垃圾	清扫，清洁	
4	设备运行状况	正常，没有异常声响和抖动	
5	主驱动链	运转正常，电气安全保护装置动作有效	
6	制动器机械装置	清洁，动作正常	
7	制动器状态监测开关	工作正常	
8	制动触点	工作正常	

序号	维护保养项目（内容）	维护保养基本要求	维护保养期限
9	减速机润滑油	油量适宜，无渗油	
10	电机通风口	清洁	
11	检修控制装置	工作正常	
12	自动润滑油罐油位	油位正常，润滑系统工作正常	
13	梳齿板开关	工作正常	
14	梳齿板照明	照明正常	
15	梳齿板与踏板面齿槽、导向胶带	梳齿板完好无损，梳齿板梳齿与踏板面齿槽、导向胶带啮合正常	
16	梯级或者踏板下陷开关	工作正常	
17	梯级或者踏板缺失监测装置	工作正常	
18	超速或非操纵逆转监测装置	工作正常	
19	检修盖板和楼层板	防倾覆或翻转措施和监控装置有效、可靠	
20	梯级链张紧开关	位置正确，动作正常	
21	防护挡板	有效，无破损	
22	梯级滚轮和梯级导轨	工作正常	半月维护保养项目
23	梯级、踏板与围裙板之间的间隙	任何一侧的水平间隙及两侧间隙之和都符合标准值	
24	运行方向显示	工作正常	
25	扶手带入口处的保护开关	动作灵活可靠，清除入口处垃圾	
26	扶手带	表面无毛刺，无机械损伤，运行无摩擦	
27	扶手带运行	速度正常	
28	扶手护壁板	牢固可靠	
29	上下出入口处的照明	工作正常	
30	上下出入口和自动扶梯之间的保护栏杆	牢固可靠	
31	出入口的安全警示标志	齐全，醒目	
32	分离机房、各驱动和转向站	清洁，无杂物	
33	自动运行功能	工作正常	
34	紧急停止开关	工作正常	
35	驱动主机的固定	牢固可靠	

表4-15　自动扶梯与自动人行道日常维护保养项目（季度）

序号	维护保养项目（内容）	维护保养基本要求	维护保养期限
1	扶手带的运行速度	相对于梯级、踏板或者胶带的速度允差为0～2%	季度维护保养项目
2	梯级链张紧装置	工作正常	
3	梯级轴衬	润滑有效	
4	梯级链润滑	运行工况正常	
5	防灌水保护装置	动作可靠（雨季到来之前必须完成）	

表4-16　自动扶梯与自动人行道日常维护保养项目（半年）

序号	维护保养项目（内容）	维护保养基本要求	维护保养期限
1	制动衬厚度	不小于制造单位要求	半年维护保养项目
2	主驱动链	清理表面油污，润滑	
3	主驱动链链条滑块	清洁，厚度符合制造单位要求	
4	电动机与减速机联轴器	连接无松动，弹性元件外观良好，无老化等现象	
5	空载向下运行制动距离	符合标准值	
6	制动器机械装置	润滑，工作有效	
7	附加制动器	清洁和润滑，功能可靠	
8	减速机润滑油	按照制造单位的要求进行检查、更换	
9	梳齿板与踏板面齿槽啮合深度和间隙	符合标准值	
10	扶手带张紧度和张紧弹簧负荷长度	符合制造单位要求	
11	扶手带速度监控系统	工作正常	
12	梯级踏板加热装置	功能正常，温度传感器接线牢固（冬季到来之前必须完成）	

表4-17　自动扶梯与自动人行道日常维护保养项目（年）

序号	维护保养项目（内容）	维护保养基本要求	维护保养期限
1	主接触器	工作可靠	年维护保养项目
2	主机速度检测功能	功能可靠，清洁感应面、感应间隙符合制造单位要求	
3	电缆	无破损，固定牢固	

序号	维护保养项目（内容）	维护保养基本要求	维护保养期限
4	扶手带托轮、滑轮群、防静电轮	清洁，无损伤，托轮转动平滑	年维护保养项目
5	扶手带内侧凸缘处	无损伤，清洁扶手导轨滑动面	
6	扶手带断带保护开关	功能正常	
7	扶手带导向块和导向轮	清洁，工作正常	
8	进入梳齿板处的梯级与导轮的轴向窜动量	符合制造单位要求	
9	内外盖板连接	紧密牢固，连接处的凸台、缝隙符合制造单位要求	
10	围裙板安全开关	测试有效	
11	围裙板对接处	紧密平滑	
12	电气安全装置	动作可靠	
13	设备运行状况	正常，梯级运行平稳，无异常抖动，无异常声响	

第三节　电梯监督检验基本要求

1　电梯监督检验基本要求

电梯监督检验是指在电梯安装、改造或重大维修过程中，由特种设备检验机构对施工单位在自检合格的基础上进行的强制性、验证性的法定检验。其目的是确保电梯在安装、改造或重大维修后的安全性能符合国家安全技术规范的要求。

电梯监督检验适用于所有纳入《特种设备目录》范围内的电梯，检验依据包括《中华人民共和国特种设备安全法》《特种设备安全监察条例》和《电梯监督检验和定期检验规则》（TSG T7001）。

1.1　检验条件

检验人员应当确认检验现场是否符合以下要求：

（1）进行整机检验时，供电电压及温度、湿度等环境条件应符合相关规定。

（2）相关区域没有与电梯运行无关的物品和设备，进行了必要的封闭和防护，放置了表明正在进行检验的警示标志。

（3）实施电梯安装、改造、重大修理的施工单位或者维保单位安排了专业人员，配合检验人员实施现场检验。

1.2 检验安全

进行现场检验时，检验人员应当配备和穿戴必要的防护用品，遵守检验现场明示的、检验机构制定的安全管理和作业规定。

1.3 检验中止

出现下列情形之一时，检验人员可以中止检验，并且向施工单位或者使用单位出具电梯检验意见通知书，书面说明原因：

（1）现场检验条件不满足持续检验条件。

（2）实施检验可能造成危险。

（3）进行整机检验时，电梯不能正常运行。

1.4 检验信息

检验机构应当按照特种设备安全监督管理部门的要求，及时传递、报告或者公示电梯检验信息。

1.5 检验档案

检验机构应当及时将检验过程中形成的记录、通知书、电梯监督检验报告、电梯定期检验报告等存入检验档案。

电梯监督检验报告（含相关音像记录）应当长期保存。电梯定期检验报告应当至少保存6年，其中定期检验报告中的音像记录应至少保存1年。

1.6 监督检验程序

监督检验程序包括受理检验申请、实施检验、提出检验意见、确认整改情况、判定检验结论、出具检验报告和特种设备使用标志。

1.7　确认整改情况

施工单位应当对不合规项目进行整改，并且向检验机构提交填写了处理结果的通知书及整改见证资料。

检验人员应当通过查看整改见证资料或者现场验证的方式，确认整改情况。发现仍然存在不符合要求的项目，按照相关要求进行处置。

1.8　判定检验结论

检验项目全部符合要求的，检验结论为"合格"。

1.9　出具检验报告和特种设备使用标志

检验机构应当在形成检验结论后 5 个工作日内出具电梯监督检验报告。对于改造或者重大修理的电梯，还应当同时出具特种设备使用标志。

1.10　监督检验自检报告书

（1）施工单位在施工前应编制施工方案、施工自检记录。施工自检记录的内容，应不少于第三章规定的监督检验自检报告书的内容。如有特殊情况，可依照设计、制造单位的具体技术要求增加自检项目或内容。

（2）施工单位应及时、准确地填写施工自检记录，并及时出具监督检验自检报告书。

（3）当存在技术要求相同的重复性检测项目时，施工单位应在自检过程中如实记录，不允许有漏检项目或漏记情况。

（4）监督检验自检报告书应由施工单位技术负责人、质检员、施工人员签字。

（5）如监督检验自检有不合格项目，施工单位应及时予以整改并在监督检验自检结论页上如实填写。

2 电梯定期检验基本要求

电梯定期检验是指检验机构根据《电梯监督检验和定期检验规则》（TSG T7001）中的规定，对在用电梯定期进行的检验。定期检验的目的是加强对电梯维修、日常维护保养、使用和检验工作的监督管理。通过规范电梯定期检验行为，提高检验工作质量，促进电梯运行安全保障工作的有效落实。

2.1 电梯定期检验适用范围

电梯定期检验是在维保单位自检合格的基础上，由特种设备检验机构对在用电梯进行的定期检验。其适用范围包括曳引驱动电梯与强制驱动电梯、自动扶梯与自动人行道、液压电梯、杂物电梯等。

2.2 电梯定期检验周期

电梯定期检验应当以安装监督检验合格日期为基准，按照以下周期和要求实施：

（1）使用年限在 15 年以内的电梯，分别在第 1 年、第 4 年、第 7 年、第 9 年、第 11 年、第 13 年、第 15 年各进行一次定期检验。

（2）使用年限超过 15 年的电梯，每年进行一次定期检验。

（3）经重大修理并且监督检验合格的电梯，当年的定期检验（如果有）不再实施，其后仍然按照第 1 项和第 2 项规定的年份进行定期检验。

（4）电梯停用 1 年以上重新启用前，进行定期检验。其后仍然按照第 1 项和第 2 项规定的年份进行定期检验。

（5）电梯的定期检验日期以最近一次监督检验合格日期所在月份为基准确定。对于第 4 项所述情形，以其定期检验合格日期所在月份为基准确定。

（6）可以根据使用单位的申请，最多提前 2 个月进行定期检验，但下次定期检验日期仍然按照前款要求确定。

（7）省级特种设备安全监督管理部门可以根据国家和地方有关防灾、防疫等政策，以及灾后勘察、事故调查等情况，提出提前或者延期进行定期检验的要求。

2.3 定期检验程序

定期检验程序，包括受理检验申请、实施检验、提出检验意见、确认整改情况、判定检验结论、出具检验报告和特种设备使用标志。

2.4 定期检验人员要求

检验人员应当按照与使用单位的约定，及时开展检验工作。

检验人员应当对适用于受检电梯的检验项目进行技术资料审查、实物检查和试验，判定其是否符合相应要求。检验人员应当按照规定的记录格式和填写要求，如实、规范地记录检验情况。此外还应当按照规定，对相关试验过程进行音像记录，现场检验至少由 2 名具有相应检验资格的人员进行。

2.5 提出检验意见

经检验发现不符合相应要求的，检验人员应当向使用单位出具通知书，提出发现的问题和检验意见。对于存在不符合项目的电梯，使用单位拟采用改造、重大修理的方式进行整改或者停用、报废的，应当在通知书上予以说明并且及时提交定期检验机构，同时办理相应手续。

2.6 判定检验结论

（1）检验项目全部符合要求的，判定为"合格"。

（2）关键检验项目全部符合要求或不符合要求的一般检验项目不超过 3 项，经检验人员确认使用单位已经按照规定完成整改并且符合要求的，或者经检验人员确认使用单位已经采取相应的安全措施，并且在通知书上签署了监护使用意见，不直接影响电梯安全运行的，判定为"整改后合格"。

（3）第 1 项和第 2 项所述情形之外的，判定为"不合格"。

2.7 复检

对于判定为"不合格"的电梯，使用单位可以向定期检验机构提出复检申请。定期检验机构应当按照规定，结合前次检验和整改等情况，开展复检工作，并且按照 2.6 内容判定检验结论。

2.8　出具检验报告和特种设备使用标志

定期检验机构应当在形成检验结论后 5 个工作日内出具电梯定期检验报告，检验结论为"合格"或者"整改后合格"的，还应当同时出具特种设备使用标志。

3　电梯监督检验和定期检验基本内容及方法

3.1　制造资料

（1）配置说明：按照电梯的实际配置，列明其产品编号、型号、提升高度、轿厢有效面积、轿厢设计自重及范围、额定载重量、额定速度、层站数、控制方式、平衡系数范围（适用于曳引驱动电梯）、油缸数量和顶升方式（适用于液压驱动电梯）、区域防爆等级和整机防爆标志（适用于防爆电梯）、倾斜角和轿门位置（适用于斜行电梯），主要部件和安全保护装置的产品名称、型号、绳头组合、层门、玻璃轿门、前置轿门（适用于斜行电梯）、玻璃轿壁、门锁装置、含有电子元件的安全电路、可编程电子安全相关系统，可以不标注编号而标注制造批次号；非金属材质非线性蓄能型缓冲器除了编号还需要标注制造批次号、制造单位名称、型式试验证书编号、制造日期，悬挂装置的名称、型号、主要参数（如直径、数量），其他制动装置的型式（适用于以驱动主机机电式制动器作为轿厢上行超速保护装置减速部件或者轿厢意外移动保护装置制停部件的曳引驱动非斜行电梯）；配置说明加盖整机制造单位（或者进口电梯的国内代理商）公章或者检验专用章，并且注明签发日期。

（2）特种设备生产许可证（适用于境内制造单位）。

（3）型式试验证书，包括整机、主要部件和安全保护装置的型式试验证书。

（4）限速器、渐进式安全钳、破裂阀的调试证书。

（5）安装使用维护保养说明书，包括安装、使用、维护保养说明（含制动器维护保养内容，如拆解、清洁、润滑、更换等）及应急救援说明等。

（6）整机质量证明文件，包括整机制造单位的特种设备生产许可证编号，电梯的设备品种、产品编号、型号、主要技术参数，安装单位的特种设备生产许可证编号、安装竣工日期、安装地点，电梯符合相关安全技术规范的声明；整机质量证明文件应加盖整机制造单位（或者进口电梯的国内代理商）公章或者检验专用章，并且注明签发日期。

3.2 安装资料

（1）安装单位的特种设备生产许可证。

（2）安装告知证明资料。

（3）电梯相关建筑接口符合性声明，表明用于安装该电梯的机器空间、井道、层站，以及通道、井道下方等人员可以到达的空间，按照相关规定进行了土建交接，并且满足相关要求，加盖安装单位公章或者检验专用章。

（4）变更设计证明文件（适用于发生设计变更时），有由使用单位提出、经整机制造单位同意的见证。

（5）安装自检报告，由整机制造单位（或者进口电梯的国内代理商）出具并盖章确认。

（6）改造或者重大修理电梯的资料。

（7）改造或者重大修理电梯的使用登记证。

（8）改造或者修理单位的特种设备生产许可证。

（9）改造或者重大修理告知证明资料。

（10）如果拟加装自动救援操作装置、能量回馈节能装置或者 IC 卡系统等，并且属于重大修理时，还应当提供其加装方案（含电气原理图和接线图）。

（11）加装或者更换的各主要部件和安全保护装置的型式试验证书。

（12）加装或者更换的限速器、渐进式安全钳、破裂阀的调试证书。

（13）安装使用维护保养说明书（补充件），根据改造或者重大修理情况增补的相关安装、使用和维护保养说明（改造或者重大修理涉及制动器的，有制动器的维护保养内容，如拆解、清洁、润滑、更换等），以及应急救援说明等。

（14）改造或者重大修理自检报告。

（15）改造或者重大修理质量证明文件，包括电梯的设备品种、使用登记证编号型号、主要技术参数，改造或者修理单位的特种设备生产许可证编号、改造或者重大修理竣工日期，电梯符合相关安全技术规范的声明；改造或者重大修理质量证明文件应加盖改造或者修理单位公章或者检验专用章，并且注明日期。

3.3 使用资料

（1）使用登记证，其内容与实物相符。

（2）日常维护保养合同，由使用单位与取得相应许可的单位签订。

（3）应急救援管理制度和专用钥匙管理制度。

（4）技术资料与铭牌（可识别标志）的一致性。

（5）主要部件（绳头组合、玻璃轿门和玻璃轿壁除外）和安全保护装置的铭牌或者可识别标志（含有电子元件的安全电路、可编程电子安全相关系统、层门、前置轿门可以采用可识别标志）上标注的产品型号、编号（制造批次号）、制造单位名称或者商标、型式试验证书编号（含有电子元件的安全电路、可编程电子安全相关系统、层门、前置轿门可以不标注型式试验证书编号）、制造日期与配置说明一致。

（6）主要部件和安全保护装置的铭牌或者可识别标志上标注的内容与相应的型式试验证书内容相符。进行改造、重大修理监督检验时，应当对加装或者更换的主要部件和安全保护装置的铭牌或者可识别标志上标注的内容与相应型式试验证书的一致性进行审查。

3.4 机器空间基本要求

（1）通往机器空间的通道应保持通畅，门附近的通道应设有永久性电气照明，相关人员能够安全、方便、无阻碍地使用。如果通往机器空间的通道高出楼梯所到平面不超过 4m，可以采用固定的梯子作为通道。检查机器空间是否用于电梯以外的其他用途。

（2）机房通道门不能向机房内开启，其高度不小于 1.8m，宽度不小于

0.6m。门上装有用钥匙开启的锁，门开启后不用钥匙能够将其关闭和锁住，门锁住后不用钥匙能够从机房内将门打开。机房通道门外侧设有包含"电梯机器——危险，未经允许禁止入内"文字的警示标志。

（3）活动区域的净高度不小于1.8m，当机房地面高度不一并且相差大于0.5m时，设有楼梯或者高度不大于4m的固定的梯子，并且设有护栏。

（4）在控制柜、紧急和测试操作屏前有一块净空间，其深度不小于0.7m，宽度不小于0.5m与控制柜、紧急和测试操作屏全宽的较大者，其净高度不小于2m。对运动部件进行维护和检查及紧急操作的地方有一块不小于0.5m×0.6m的水平净空间，其净高度不小于2m。

（5）电梯顶层工作区域、电梯底坑工作区域应设置使轿厢停止运动的机械制停装置，使工作区域可站人平面与轿厢最低部件或者其他运载装置最前端部件之间的距离不小于2m。在井道外设置的电气复位装置，只有通过操纵该装置才能使电梯恢复到正常工作状态，该装置只能由被授权人员接近和操作。

3.5 井道空间基本要求

（1）井道内设有永久性电气照明，当部分封闭的井道附近有足够的电气照明时，井道内可以不设照明。斜行电梯的井道内设置永久性人行通道的，应沿着人行通道设有应急照明。

（2）全封闭井道，除必要的开口外完全封闭。

（3）轿厢与面对轿厢入口的井道壁的间距不大于0.15m，对于采用垂直滑动门的载货电梯或者局部高度不大于0.5m的，该间距可以增加到0.2m。轿门设有门锁装置并且只能在开锁区域内打开。

（4）每个层门地坎下的井道壁是一个与层门地坎直接连接的、由光滑而坚硬的材料构成的连续垂直表面。对于非斜行电梯，层门地坎下井道壁的高度不小于开锁区域的1/2加上50mm，宽度不小于门入口的净宽度两边各加25mm；对于斜行电梯，其尺寸能够覆盖地坎下面整个入口，宽度两边各加上50mm，开锁区域下面加上50mm。

（5）相邻两层门地坎间的距离大于11m（对于消防员电梯，该距离大于

7m）的，检查是否设有中间安全门。安全门不能向井道内开启，其高度不小于 1.8m，宽度不小于 0.35m；门上装有用钥匙开启的锁，门开启后不用钥匙能够将其关闭和锁住，门锁住后不用钥匙能够从井道内将门打开；验证门关闭状态下的电气安全装置功能有效；在井道外，安全门附近设有包含"电梯井道——危险，未经允许禁止入内"文字的警示标志。

（6）相邻层门（或者安全门）地坎间的距离不大于 18m 的，具有在现场可以获得的消防用防坠落装备，并且在上部层门（或者安全门）附近的井道外建筑结构上设有安全固定点，其上标明的承载能力值不小于 22kN。

（7）在井道内设有固定式钢斜梯或者具有安全护笼的固定式钢直梯，并且具有在紧邻的上部层门（或者安全门）、钢斜梯（或者钢直梯）及轿顶之间安全进出的措施。

（8）对重运行路径下端部的下方存在人员能够到达空间的，需要检查对重上是否设有安全钳。对重运行区域设有防护措施——隔障，且从底坑地面到隔障的最低部分距离不大于 0.3m；从对重完全压缩缓冲器的位置起或者对重位于最低位置起，延伸到底坑地面以上至少 2m 处；宽度至少等于对重宽度；对于斜行电梯，该隔障能够防护对重运行区域的所有易接近面。如果斜行电梯通往井道的门开启时，验证其关闭状态的电气安全装置能够使所有电梯自动停止运行，并且仅由被授权人员手动复位后才能启动，那么可以不设置隔障。

（9）在装有多台电梯的井道内，不同电梯的运动部件之间设有刚性隔障，该隔障从底坑地面不大于 0.3m 处向上延伸至底层端站楼面以上至少 2.5m 高度，并且有足够的宽度防止人员从一个底坑通往另一个底坑；当任一电梯的护栏内侧边缘和相邻电梯的运动部件之间的水平距离小于 0.5m 时，设置贯穿整个井道的隔障，并且其宽度不小于运动部件的宽度每边各加 0.1m。

（10）当曳引驱动电梯的轿厢或者对重位于最高位置时，其导轨能够提供不小于 0.1m 的进一步制导行程，或者斜行电梯的运载装置和对重能够被导向至对应缓冲器完全压缩的位置。

（11）强制驱动电梯的轿厢从顶层向上直到撞击上缓冲器时的制导行程不小于 0.5m，轿厢继续上行至缓冲器行程的极限位置时一直处于有导向状态。

当对重位于最高位置时，其导轨能够提供不小于 0.3m 的进一步制导行程。

（12）当液压驱动电梯的轿厢、对重位于最高位置，以及对重位于最低位置时，其导轨能够提供不小于 0.1m 的进一步制导行程。

（13）电梯底坑空间，应有一个不小于 0.5m×0.6m×1m 的空间（任一平面朝下均可），底坑地面与轿厢最低部件之间的自由垂直距离不小于 0.5m，当垂直滑动门的部件、护脚板、夹紧装置钳块或者棘爪装置和相邻井道壁之间，轿厢最低部件和导轨之间的水平距离在 0.15m 之内时，此垂直距离允许减少至 0.1m；当轿厢最低部件和导轨之间的水平距离大于 0.15m 但不大于 0.5m 时，此垂直距离可按线性关系增加至 0.5m；底坑中固定的最高部件和轿厢最低部件（垂直滑动门的部件、护脚板、夹紧装置钳块或者棘爪装置除外）之间的自由垂直距离不小于 0.3m。

（14）进入电梯底坑时，供人员从层门进入底坑的梯子为永久设置的固定式梯子的，梯子不凸入电梯的运行空间；供人员从层门进入底坑的梯子为永久设置的非固定式梯子的，当其不在存放位置时，能够通过电气安全装置防止电梯运行；供人员进入底坑的通道门不向底坑内开启，其高度不小于 1.8m，宽度不小于 0.6m（对于斜行电梯，可以采用尺寸不小于 0.8m×0.8m 的活板门）；门上装有带钥匙的锁，门开启后不用钥匙能够将其关闭和锁住，门锁住后不用钥匙能够从底坑内将门打开，在井道外，通道门附近设有包含"电梯井道——危险，未经允许禁止入内"文字的警示标志。

（15）电梯底坑内设有在进入底坑时及在底坑地面上均能够方便操作的停止装置和进入底坑时方便操作的井道照明操作装置，并且功能有效；底坑地面平整，无渗水、积水；消防员电梯的底坑内水位限制措施功能有效。

（16）每根导轨至少有 2 个导轨支架，安装于井道上、下端部的非标准长度导轨的支架数量符合设计要求，导轨支架安装牢固，锚栓（如膨胀螺栓）固定只能在井道壁的混凝土构件上使用。

（17）缓冲器无松动、明显倾斜、断裂、塑性变形、剥落、破损、严重锈蚀等现象；耗能型缓冲器液位正确，验证柱塞复位的电气安全装置功能有效；对重缓冲器附近设有清晰的对重越程距离标志；当轿厢位于顶层端站平层位置时，对重装置撞板与其缓冲器顶面的距离不超过对重越程距离标志上标注的最大允许值；防爆电梯的缓冲器与轿厢、对重的撞击面采取的无火花措施保持完好。

（18）检查极限位置限制装置是否能够在轿厢、对重接触缓冲器之前或者柱塞接触缓冲停止装置之前起作用，并且在缓冲器被压缩或者柱塞在缓冲停止区期间保持其作用状态。

3.6 电气设备及控制基本要求

（1）检查每台电梯是否单独配置了符合要求的主开关，从机器空间入口处易于接近，并且在断开位置上能够被锁住；有机房时，主开关设置在机房内，没有机房时，主开关设置在控制柜内（控制柜未设置在井道内时）或者紧急和测试操作屏上（控制柜设置在井道内时），如果紧急操作屏和测试操作屏是分立的，设置在紧急操作屏上；如果从控制柜、驱动主机处不易直接接近主开关，则在该处设有能够有效切断控制柜、驱动主机供电的断电（隔离）开关；不能切断轿厢照明和通风、机器空间照明、井道照明及轿顶、滑轮间和底坑电源插座的电源；机房为多台电梯共用时，各主开关的操作机构易于识别。

（2）检查断相、错相保护功能是否有效；当电梯运行与相序无关时，可以不设错相保护。供电电源自进入机器空间起，中性导体（N，零线）与保护导体（PE，地线）始终分开；机器空间的电气设备及线管、线槽的外露可导电部分与保护导体（PE，地线）可靠连接；含有电气安全装置的电路发生接地故障时，驱动主机立即停止运转，或者在第一次正常停止运转后，能够防止驱动主机再启动；恢复电梯运行只能通过手动复位。

（3）检查当轿厢停在开锁区域内、轿门开启并且层门锁释放时，门回路监测系统是否对检查轿门关闭位置的电气安全装置、检查层门锁紧装置锁紧位置的电气安全装置，或者轿门电气安全装置和层门电气安全装置所构成的电路，以及监控信号的正确动作进行监测，监测到故障时是否能够使电梯停止运行。

（4）轿厢内的紧急报警装置采用由应急电源供电的双向对讲系统与救援服务持续联系；如果电梯行程大于30m或者轿厢内与紧急操作处无法直接对

话，则在轿厢内和紧急操作处设置由应急电源供电的双向对讲系统或类似装置；对于消防员电梯，还设有在优先召回和消防服务阶段用于轿厢和消防员入口层之间、轿厢和机房或者紧急和测试操作屏之间的双向对讲系统或类似装置，并且无需按压控制按钮即可实现轿厢和消防员入口层之间的通信。

3.7 驱动主机基本要求

（1）检查在驱动主机附近 1m 之内是否设有可以直接接近的主开关或停止装置，并且确认其功能有效。

（2）检查曳引轮绳槽（带槽）是否无缺损或者是否存在不正常磨损。

（3）制动器检查应符合能够从井道外独立地测试每个制动组；制动器动作灵活，制动时制动闸瓦（制动钳）紧密、均匀地贴合在制动轮（制动盘）上，电梯运行时制动闸瓦（制动钳）与制动轮（制动盘）不发生摩擦，制动闸瓦（制动钳）及制动轮（制动盘）工作面上无油污；对于需要定期拆解保养的柱塞式电磁铁型式的杠杆鼓式制动器，维保单位按照受检电梯制造（改造）单位（当该单位已经注销时，按照相应驱动主机的制造单位或者型式试验机构）的要求进行了拆解保养，并且提供了拆解保养过程的视频或照片等见证资料。

3.8 悬挂装置、补偿装置及旋转部件基本要求

（1）钢丝绳检查中，悬挂钢丝绳、补偿钢丝绳应符合无笼状畸变、绳股挤出、扭结、部分压扁、弯折、严重锈蚀、铁锈填满绳股间隙、直径小于其公称直径的 90% 等达到报废条件的现象。包覆带检查应符合无包覆层变形（如鼓包、压痕、折痕、凹陷等）、包覆带承载体外露或者刺出、承载体断裂等达到报废条件的现象；有监测每根包覆带承载体强度的装置，当检测到任一根承载体破断时，能够制止电梯的下一次正常启动；用于查看包覆带使用时间和电梯启动次数的装置是否完好。

（2）补偿装置的端部固定部件无裂纹、松动等现象；使用电气安全装置来检查补偿绳的最小张紧位置（对于斜行电梯，当不采用重力张紧装置时，设置电气安全装置检查补偿绳的最大张紧位置）；当电梯的额定速度大于 3.5m/s

（对于斜行电梯，大于 2.5m/s）时，设有防跳装置，该装置动作时由电气安全装置使电梯停止运行；防爆电梯的补偿链（绳）外部无火花设施保持完好，并且运动时不与其他金属构件、底坑地面相碰擦。

（3）如果轿厢悬挂在包覆带或者两根钢丝绳上，请检查当任意一根悬挂装置发生异常相对伸长时，是否能够通过电气安全装置防止电梯的正常运行。

（4）检查曳引轮、滑轮、限速器和张紧轮是否设置了防护装置，以避免人身伤害、钢丝绳（包覆带）因松弛而脱离绳槽（带槽）、异物进入钢丝绳（包覆带）与绳槽（带槽）之间，并且防护装置与运动部件无碰擦。

3.9 轿厢与对重基本要求

（1）检查轿顶上距入口不大于 1m 处是否设有易于接近的停止装置，并且功能有效；该装置也可以是距入口不大于 1m 的检修控制装置上的停止装置。

（2）轿顶外侧边缘与井道壁之间的水平方向净距离大于 0.3m 的，检查轿顶是否设有符合要求的护栏。护栏由扶手、高度不小于 0.1m 的踢脚板和位于护栏高度 1/2 处的中间栏杆组成；当护栏扶手外侧边缘与井道壁之间的自由距离不大于 0.85m 时，扶手高度不小于 0.7m；当自由距离大于 0.85m 时，扶手高度不小于 1.1m；护栏装设在距轿顶边缘 0.15m 之内，并且扶手外侧边缘与井道中的任何部件之间的水平距离不小于 0.1m。

（3）对于非消防员电梯，如果轿顶设置安全窗，检查其轿厢安全窗是否设有手动锁紧装置，能够不用钥匙从轿厢外开启，用规定的三角钥匙从轿厢内开启；安全窗不能向轿厢内开启，并且开启位置不超出轿厢的边缘；安全窗的锁紧由电气安全装置验证，该装置动作后能够使电梯停止运行；如果打开了安全窗，即使安全窗重新关上，在未执行手动锁紧动作时电气安全装置也不能复位。

（4）如果设有轿厢安全门，检查其是否符合相关要求。设有手动锁紧装置的，能够不用钥匙从轿厢外开启，用规定的三角钥匙从轿厢内开启；安全门不能向轿厢外开启，并且出入路径没有对重或者固定障碍物；安全门的锁紧由电气安全装置验证；当相邻轿厢之间的水平距离大于 0.35m 时，提供一个连接到轿厢或者设置在轿厢上的具有扶手的过桥；对于斜行电梯，设置检查过桥工作位置的电气安全装置，当过桥处于非停放位置并且未进入工作位置时，能够防止任一轿厢的所有运行。

（5）对重块无松动、移位等现象；具有能够快速识别对重块数量的措施（如标明数量或者总高度），并且该措施不会被混淆；非金属材质对重块（架）上、轿顶上或者底坑内有清晰的标志，标明对重块制造单位名称或者商标和报废条件；在进行各项试验前、后，对重块及其包覆物均无影响产品性能的开裂、破碎、剥落、腐蚀等现象。

（6）轿厢内设有铭牌，标明额定载重量及乘客人数、产品编号、制造单位名称或商标、整机防爆标志（适用于防爆电梯）；改造后的电梯，加贴铭牌标明额定载重量及乘客人数（载货电梯可以只标额定载重量）、改造单位名称或者商标、整机防爆标志（适用于防爆电梯）、改造竣工日期；轿厢内设有 IC卡系统的电梯，轿厢内出口层按钮采用凸起的星形图案，或者采用与其他按钮颜色明显不同的绿色按钮；在预定消防员操作的轿厢操作面板上，消防员钥匙开关附近设有消防员电梯标志。

（7）轿厢正常照明和通风有效，在正常照明电源发生故障的情况下，由紧急电源供电的应急照明能够自动投入工作。

（8）检查在停电、故障停梯、轿厢位置校正（再平层除外）、自动救援操作装置启动及接收火灾信号退出正常服务时，轿厢语音播报系统是否进行语音播报，提示、安抚轿厢内乘客。

（9）轿厢护脚板：从层站处，在护脚板垂直部分下边沿 5cm² 的圆形或者方形面积上施加 300N 的静力，其弹性变形不大于 35mm；对于非斜行电梯，轿厢护脚板的垂直部分高度不小于 0.75m，宽度不小于层站入口宽度；对于斜行电梯，轿厢护脚板的宽度至少等于运载装置位于开锁区域内时相应层站入口可能暴露的整个净宽度；设有侧置轿门时，其垂直部分的尺寸能够保护所有可能暴露的表面；设有前置轿门时，面对较低的层站侧，垂直部分的高度不小于 0.3m。

3.10　层门和轿门基本要求

（1）测量轿厢地坎与层门地坎的水平距离是否不大于 35mm。门扇之间及门扇与立柱、门楣和地坎之间的间隙，乘客电梯不大于 6mm，载货电梯不大于 10mm；在水平滑动层门和折叠层门最快门扇的开启方向，以 150N 的力施加在一个最不利的点，前述的间隙，旁开门不大于 30mm，中分门其总和不大于 45mm。

（2）层门和轿门正常运行时无脱轨、机械卡阻或者错位现象；层门导向装置失效时，层门保持装置能够使层门保持在原有位置；层门底部保持装置上或者其附近设有识别保持装置最小啮合深度的标记，并且层门底部保持装置的啮合深度不小于标记所示的最小啮合深度。

（3）每个层门均能够被专用钥匙从外面开启；紧急开锁后，在层门闭合时门锁装置未保持在开锁位置；如果只能通过层门进入底坑，则从底坑爬梯并且在高度 1.8m 内和最大水平距离 0.8m 范围内能够安全地触及门锁，或者能够通过永久设置的装置从底坑中打开层门。

（4）锁紧动作由重力、永久磁铁或弹簧来产生和保持，即使永久磁铁或者弹簧失效，重力也不能导致开锁；轿厢在锁紧元件啮合深度不小于 7mm 时才能启动；检查层门、轿门锁紧状态的电气安全装置功能是否有效；每个层门和轿门的闭合均由电气安全装置验证；如果滑动门是由数个间接机械连接的门扇组成的，则未被锁住的门扇上设有电气安全装置以验证其闭合状态；与门的驱动部件直接机械连接的轿门门扇上可以不设置电气安全装置。

（5）轿厢停在开锁区域外时，轿门开门限制装置能够防止轿厢内的人员打开轿门离开轿厢；在轿厢意外移动保护装置允许的最大制停距离范围内，打开对应的层门后能够不用工具（三角钥匙或者永久性设置在现场的工具除外）从层站处打开轿门。

（6）检查轿门门刀与层门地坎、层门锁滚轮与轿厢地坎的间隙是否不小于 5mm，并且电梯运行时不互相碰擦。

3.11 应急救援试验

（1）检查机房内或者紧急和测试操作屏上是否设有清晰的应急救援程序。
（2）对于曳引驱动乘客电梯、消防员电梯、曳引驱动载货电梯、强制驱动载货电梯，应检查建筑物内的救援通道是否保持通畅，应急救援人员是否能够无阻碍地抵达实施紧急操作的位置，以及各层站处。

（3）对于消防员电梯，检查用于消防员从轿厢内自救和从轿厢外救援使用的救援装置（如便携式梯子、绳梯、安全绳系统、轿厢内踩踏点等）功能是否正常，用于消防员从轿顶进入轿厢的梯子是否能够从轿顶展开。

（4）在各种载荷工况下，按照第1项所述的应急救援程序实施操作，观察是否能够安全、及时地解救被困人员。

3.12　平衡系数测试

监督检验时，对于当次定期检验需要进行试验的电梯，在轿厢内装载30%、40%、45%、50%、60%额定载重量的载荷运行，当轿厢与对重运行到同一水平位置时，测量电动机的电流值（对于直流电动机同时测量电压值），绘制电流（或者电压）载荷曲线，以向上、向下运行曲线的交点确定平衡系数，确认平衡系数是否在0.4～0.5，并且符合制造（改造）单位的设计值；对于斜行电梯和未按照上述要求对平衡系数进行过监督检验的电梯，确认平衡系数是否在0.4～0.5，或者符合制造（改造）单位的设计值。

3.13　轿厢超载保护装置试验

监督检验时，对于当次定期检验需要进行试验的电梯，或者发现轿厢自重发生变化等可能影响轿厢超载保护装置有效性的情况，采用在轿厢内施加载荷的方式进行轿厢超载保护装置试验，观察是否最迟在轿厢内载荷达到110%额定载重量时能够检测出超载，防止电梯正常启动及再平层（对于液压驱动电梯，防止电梯正常启动），并且轿厢内有听觉和视觉信号提示，自动门完全开启，手动门保持在未锁紧状态。

3.14　限速器

（1）限速器各调节部位封记完好，运转时无碰擦、卡阻、转动不灵活等现象，动作正常，动作速度符合要求。检验时，可以通过查看限速器调试证书、校验记录，结合限速器的状态确认其动作速度是否符合要求；发现调节部位封记损坏等可能影响限速器动作速度的情况，检验人员应当通过现场见证施工单位或维保单位测试的方式予以确认。

（2）限速器或者其他装置上应有在轿厢上行、下行速度达到限速器动作速度之前动作的电气安全装置。

（3）对于安全钳释放后限速器不能自动复位的，应有用于验证限速器复位状态的电气安全装置。

（4）应有用于检查限速器绳断裂或者过分伸长的电气安全装置。

（5）轿厢上应有在轿厢安全钳动作以前或同时使驱动主机停止运转的电气安全装置。

3.15　限速器、安全钳联动试验

（1）监督检验时，采用瞬时式安全钳的，轿厢内装载额定载重量的载荷，以检修速度下行；采用渐进式安全钳的，轿厢内装载 125% 额定载重量的载荷，以额定速度下行，或者以较低速度（仅适用于额定速度大于 4m/s 的电梯）下行。

（2）定期检验时，轿厢空载，以检修速度下行。

3.16　对重限速器、安全钳试验

（1）监督检验时，采用瞬时式安全钳的，轿厢空载，以检修速度上行；采用渐进式安全钳的，轿厢空载，以额定速度上行，或者以较低速度（仅适用于额定速度大于 4m/s 的电梯）上行。

（2）定期检验时，轿厢空载，以检修速度上行。

3.17　缓冲器试验

轿厢空载，以检修速度运行的工况使缓冲器被压缩，轿厢、对重停在其上再离开后，观察缓冲器是否出现对电梯正常使用有不利影响的损坏（如明显倾斜、断裂、塑性变形、剥落、破损等）。

3.18　轿厢上行超速保护装置试验

（1）试验方法：检查控制柜或者紧急和测试操作屏上是否标有轿厢上行

超速保护装置动作试验方法。

（2）电气安全装置：检查轿厢上行超速保护装置上的电气安全装置功能是否有效。

（3）监测功能：采用存在内部冗余的制动器作为轿厢上行超速保护装置减速部件的，检查当制动器机械部件动作（松开或者制动）失效或者制动力不足时，是否能够防止电梯正常运行。

3.19　曳引能力试验

（1）空载工况曳引能力试验。

1）轿厢空载，当对重压在缓冲器上而驱动主机按电梯上行方向旋转时，观察悬挂装置是否相对曳引轮打滑，或者驱动主机停止运转。

2）轿厢空载，以额定速度上行至行程上部，切断电动机与制动器供电，观察轿厢是否完全停止。

（2）有载工况曳引能力试验。轿厢内装载125%额定载重量的载荷，以额定速度下行至行程下部，切断电动机与制动器供电，观察轿厢是否完全停止。

3.20　制动性能试验

（1）分组制动试验。轿厢内装载额定载重量的载荷，以额定速度下行，在驱动主机机电式制动器的主制动部件失效的情况下，观察其余制动部件是否能够使轿厢减速、停止并且保持停止状态。

（2）125%额定载重量制动试验。轿厢内装载125%额定载重量的载荷，以额定速度下行至行程下部，切断电动机与制动器供电，观察制动器是否能够使驱动主机停止运转，并且确保轿厢及其附联部件和导轨等无明显变形和损坏。

3.21　运行试验

轿厢分别空载、满载，以额定速度上、下运行，观察呼梯、楼层显示等信号系统是否功能有效、指示正确、动作无误，轿厢是否平层良好，无异常现象发生。定期检验时，在轿厢空载工况下进行试验。

3.22　噪声测试

采用以下方法进行噪声测试，确认噪声的 A 频率计权声级是否符合要求，如表 4-18 所示。

（1）机房噪声：电梯以额定速度运行，声音测量传感器置于距地面高 1.5m、驱动主机 1m 处测试，测试点不少于 3 点，取平均值。

（2）轿厢内噪声：电梯以额定速度全程上、下运行，声音测量传感器置于轿厢内中央、距地面高 1.5m 处测试，取最大值。

（3）开关门噪声：声音测量传感器置于层（轿）门宽度的中央、距门 0.24m、地面高 1.5m 处，测试开、关门过程中的噪声，取最大值。

（4）无机房电梯层门处噪声：声音测量传感器置于驱动主机安装位置最近层站，开门宽度的中部，对着层门，在水平方向距门扇 0.5m，垂直方向距层站地面 1.5m 处测试，取出发端站门关闭后至到达端站门开启前，电梯全程上、下运行过程中以额定速度运行时的最大值。

表 4-18　噪声测试要求

额定速度 v	机房噪声	轿厢内噪声	开关门噪声	无机房电梯层门处噪声
v ≤ 2.5m/s	≤ 80dB	≤ 55dB	≤ 65dB	≤ 65dB
2.5m/s < v ≤ 6.0m/s	≤ 85dB	≤ 60dB	≤ 65dB	不超过制造单位的允许值。制造单位未规定的，按照额定速度为 2.5m/s 的电梯限值指标判定
v > 6.0m/s	不超过制造单位的允许值。制造单位未规定的，按照额定速度为 6m/s 的电梯限值指标判定			

4　自动扶梯和自动人行道监督检验与定期检验基本内容及方法

4.1　制造资料

（1）配置说明，按照受检设备的实际配置，列明其产品编号、型号、名义速度、名义宽度、倾斜角、提升高度（适用于自动扶梯）、使用区段长度（适用于自动人行道）、工作类型、工作环境，驱动主机布置型式和数量、梯路传动方式、驱动主机与梯级（踏板或胶带）之间的连接方式、自动人行道踏面类型（踏板或胶带），主要部件和安全保护装置的产品名称、型号、编号

（驱动主机、控制柜之外的其他主要部件和安全保护装置可以不标注编号而标注制造批次号）、制造单位名称、型式试验证书编号、制造日期，以及附加制动器的型式、型号与编号；配置说明加盖整机制造单位（或进口自动扶梯、自动人行道的国内代理商）公章或检验专用章，并且注明签发日期。

（2）特种设备生产许可证（适用于境内制造单位）。

（3）型式试验证书，包括整机、主要部件和安全保护装置的型式试验证书。

（4）玻璃护壁板的钢化玻璃证明。

（5）扶手带破断强度试验报告（适用于公共交通型自动扶梯和自动人行道）。

（6）安装使用维护保养说明书，包括安装、使用、维护保养说明（含工作制动器、附加制动器、驱动系统、梯路传动系统的检查调整内容）和应急救援说明。

（7）整机质量证明文件，包括整机制造单位的特种设备生产许可证编号，受检设备的设备品种、产品编号、型号、主要技术参数，安装单位的特种设备生产许可证编号、安装竣工日期、安装地点，受检设备符合相关安全技术规范的声明；整机质量证明文件加盖整机制造单位（或者进口自动扶梯、自动人行道的国内代理商）公章或检验专用章，并且注明签发日期。

4.2　安装资料

（1）安装单位的特种设备生产许可证。

（2）安装告知证明资料。

（3）受检设备相关建筑接口符合性声明，表明用于安装该设备的驱动站、转向站、分离机房、出入口畅通区域等按照相关规定进行了土建交接，并且满足相关要求，加盖安装单位公章或检验专用章。

（4）变更设计证明文件（适用于发生设计变更时），由使用单位提出、经整机制造单位同意。

（5）安装自检报告，由整机制造单位（或进口自动扶梯、自动人行道的国内代理商）出具及盖章确认。

（6）改造或重大修理资料。

（7）改造或重大修理电梯的使用登记证。

（8）改造或修理单位的特种设备生产许可证。

（9）改造或重大修理告知证明资料。

（10）改造或重大修理方案。

（11）改造或重大修理质量证明文件，包括受检设备的设备品种、使用登记证编号、型号、主要技术参数，改造或修理单位的特种设备生产许可证编号、改造或重大修理竣工日期、受检设备符合相关安全技术规范的声明；改造或者重大修理质量证明文件应加盖改造或者修理单位公章或者检验专用章，并且注明签发日期。

4.3 使用资料

（1）使用登记证，其内容与实物相符。

（2）日常维护保养合同，由使用单位与取得相应许可的单位签订。

（3）应急救援管理制度。

（4）技术资料与铭牌（可识别标志）的一致性如下：

1）驱动主机、控制柜、含有电子元件的安全电路、可编程电子安全相关系统的铭牌或可识别标志（含有电子元件的安全电路、可编程电子安全相关系统可以采用可识别标志）上标注的产品型号、编号（制造批次号）、制造单位名称或商标、型式试验证书编号（除驱动主机和控制柜外的其他主要部件和安全保护装置可以不标注型式试验证书编号）、制造日期与配置说明一致。

2）驱动主机、控制柜、含有电子元件的安全电路、可编程电子安全相关系统的铭牌或可识别标志上标注的内容与相应的型式试验证书内容相符。改造、重大修理监督检验时，应当对加装或者更换的驱动主机、控制柜、含有电子元件的安全电路、可编程电子安全相关系统的铭牌或者可识别标志上标注的内容与相应型式试验证书的一致性进行审查。

4.4 机房、驱动站和转向站基本要求

（1）检查桁架内的驱动站、转向站及机房中是否设有电气照明，分离机

房中是否设有永久性电气照明。

（2）供电电源自进入机房或驱动站、转向站起，中性导体（N，零线）与保护导体（PE，地线）始终分开；电气设备及线管、线槽的外露可导电部分与保护导体（PE，地线）可靠连接；含有电气安全装置的电路发生接地故障时，驱动主机立即停止运转。

（3）主开关能够切断电动机、工作制动器和控制电路的电源，但是不能切断电源插座及维护和检查所必需的照明电路的电源；在断开位置上能够被锁住或使其处于"隔离"位置；多台设备的主开关设置在同一个机器空间内时，各主开关的操作结构易于识别。

（4）检查驱动站和转向站是否均设有停止开关（已经设置了主开关的驱动站除外），驱动装置安装在梯级、踏板或胶带的载客分支和返回分支之间，或者设置在转向站外部的，检查在驱动装置附近是否另设有停止开关。

4.5 工作区域

（1）在机房、桁架内部的驱动站和转向站内，具有一个无任何永久固定设备的、站立面积足够大的空间，站立面积不小于0.3m²，其较短一边的长度不小于0.5m。

（2）当主驱动装置或工作制动器装在梯级、踏板或者胶带的载客分支和返回分支之间时，在工作区段具有一个水平的立足区域，其面积不小于0.12m²，最小边尺寸不小于0.3m。

（3）在分离机房内的控制柜前有一块净空间，其深度不小于0.7m，宽度不小于0.5m，与控制柜、紧急和测试操作屏全宽的较大者，其净高度不小于2m。

（4）在分离机房内对运动部件进行维护和检查及紧急操作的地方有一块不小于0.5m×0.6m的水平净空间，其净高度不小于2m。

4.6 旋转部件防护措施

检查驱动主机的旋转部件、驱动站和转向站的梯级或踏板转向部分是否设有防护装置和警示标志，以防止人员受到伤害。

4.7 手动盘车装置

（1）盘车手轮是平滑和无辐条的，并且在其上或附近清晰地标出操作说明和运行方向。

（2）对于可拆卸式手动盘车装置，设有最迟在该装置连接到驱动主机时起作用的电气安全装置。

4.8 驱动链电气安全装置

检查当驱动主机驱动链过度松弛和断裂时，电气安全装置是否能够使受检设备自动停止运行，并且触发附加制动器（设有附加制动器时）。

4.9 检修控制装置

（1）在驱动站和转向站内至少提供一个用于连接便携式检修控制装置的检修插座，该插座的设置能够使检修控制装置到达受检设备的任何位置。

（2）检修控制装置上的停止开关功能有效。

（3）检修控制装置上的运行方向标志应清晰、正确。

（4）操作检修控制装置时，其他所有启动开关均不起作用，电气安全装置有效。

（5）连接多个检修控制装置时，所有检修控制装置均不起作用。

4.10 相邻区域

测量楼层板平面的梳齿板梳齿与踏面相交线位置的照度是否至少为50lx。

4.11 出入口区域

检查出入口区域是否充分畅通，其宽度至少等于扶手带外缘距离加上每边各80mm，纵深尺寸从扶手装置端部算起至少为2.5m；当该区域的宽度不小于扶手带外缘之间距离的2倍加上每边各80mm时，其纵深尺寸允许减少至2m。

4.12 入口防护装置

对于人员在出入口接触到扶手带的外缘可能引发危险的区域，检查是否设置能够阻止乘客进入该区域的永久固定的防护装置，或者符合以下要求的永久固定的防护装置：

（1）至少高出扶手带 100mm，位于扶手带外缘 80 ~ 120mm 处。

（2）从楼层板起高度不小于 1100mm。

4.13 垂直净高度

检查梯级、踏板或胶带上方的垂直净高度是否不小于 2.3m，并且该净高度延续到扶手转向端端部。

4.14 防护挡板

建筑障碍物可能引起人员伤害的，检查是否采取了预防措施。受检设备与楼板有交叉或者受检设备之间有交叉的，检查交叉处是否设有垂直固定、无锐利边缘的封闭防护挡板，其位于扶手带上方的防护高度不小于 0.3m，并且延伸至扶手带下缘以下至少 25mm。扶手带外缘与任何障碍物之间的距离不小于 400mm 的，可以不设置防护挡板。

4.15 扶手带距离

（1）墙壁或者障碍物与扶手带外缘之间的水平距离不小于 80mm，与扶手带下缘的垂直距离不小于 25mm。

（2）对于邻近布置的受检设备，其扶手带外缘之间的距离不小于 160mm。

4.16 连续输送保护

（1）具有相同的输送能力并且按同方向运行。

（2）在梯级、踏板或胶带到达梳齿板梳齿与踏面相交线之前 2 ~ 3m 处，设有乘客易于触及的附加紧急停止开关。

（3）当其中一台受检设备停止运行时，其他继续运行可能造成人流拥堵的设备也停止运行。

4.17　梳齿与梳齿板

（1）梳齿板梳齿完好，无缺损。

（2）梳齿板梳齿与踏面齿槽的啮合深度至少为 4mm，梳齿槽根部与踏面的间隙不超过 4mm。

（3）梯级或者踏板进入梳齿板处有异物卡入，并且梳齿与梯级或者踏板不能正常啮合而导致梳齿板与梯级或者踏板发生碰撞时，受检设备能够自动停止运行。

4.18　紧急停止开关

（1）受检设备出入口附近设有紧急停止开关，必要时增设附加紧急停止开关，以使紧急停止开关之间的距离不超过 30m（适用于自动扶梯）或者 40m（适用于自动人行道）。

（2）各紧急停止开关标志清晰，对于位于扶手装置高度 1/2 以下的紧急停止开关，在扶手装置高度 1/2 以上的醒目位置还设有直径至少为 80mm 的红底白字"急停"指示标记和箭头标记，箭头指向该开关。

4.19　铭牌与标志

（1）在受检设备出入口的明显位置设有产品铭牌，至少标明产品名称、型号、编号、制造单位名称或商标、制造日期；改造后的受检设备，加贴铭牌并标明主要技术参数、改造单位名称或商标、改造竣工日期。

（2）在受检设备出入口附近设有包括必须拉住小孩、必须抱着宠物、必须握住扶手带和禁止使用非专用手推车等内容的安全乘用图形标志。

4.20　扶手装置

（1）扶手带完好，表面无龟裂、剥离、严重损坏，扶手带单一开裂处最大裂纹宽度不大于 3mm。

（2）扶手转向端入口处的最低点与地板之间的垂直距离不小于 0.1m，不大于 0.25m。

（3）朝向梯级、踏板或胶带一侧的部分光滑、平齐；装设方向与运行方向不一致的压条或者镶条凸出高度不大于 3mm，其边缘呈圆角或倒角状；沿运行方向的盖板连接处结构能够防止勾绊。

（4）扶手带入口保护装置功能有效。

4.21　扶手带速度监测装置

检查当扶手带速度与梯级、踏板或胶带实际速度偏差最大超过 15%，并且持续时间在 5 ~ 15s 时，扶手带速度监测装置是否能够使受检设备自动停止运行。

4.22　防爬装置

人员能够爬上外盖板并且存在跌落风险的，检查在受检设备的外盖板上是否装设了符合以下要求的防爬装置：

（1）其位于地平面上方 1000 ~ 1050mm 处。

（2）其高度至少与扶手带表面齐平，下部与外盖板相交，平行于外盖板方向上的延伸长度不小于 1000mm，并且在此长度范围内应无踩脚处。

4.23　阻挡装置

对于与墙相邻并且外盖板的宽度大于 125mm 的受检设备，或者相邻平行布置并且共用外盖板的宽度大于 125mm 的自动扶梯或者倾斜的自动人行道，检查在上、下端部装设的阻挡装置是否能够防止人员进入外盖板区域，并且延伸到高度距离扶手带下缘 25 ~ 150mm 处。

4.24　防滑行装置

自动扶梯或者倾斜的自动人行道和相邻的墙之间装有接近扶手带高度的扶手盖板，并且建筑物（墙）和扶手带中心线之间的距离大于 300mm 时，或者相邻自动扶梯或者倾斜的自动人行道的扶手带中心线之间的距离大于 400mm 时，检查在扶手盖板上装设的防滑行装置是否无锐角或者锐边，与扶手带的距离不小于 100mm，并且防滑行装置之间的间隔距离不大于

1800mm，高度不小于 20mm。

4.25　护壁板间隙

检查护壁板之间的间隙是否不大于 4mm，其边缘是否呈圆角或者倒角状。

4.26　围裙板与梯级、踏板间隙

（1）任何一侧的水平间隙不大于 4mm，并且两侧对称位置处的间隙总和不大于 7mm。

（2）围裙板设置在踏板之上时，踏板表面与围裙板下端的垂直间隙不大于 4mm，踏板侧边与围裙板垂直投影间不产生间隙。

4.27　围裙板

检查围裙板是否垂直、平滑，板与板之间的接缝是否为对接缝。

4.28　围裙板防夹装置

（1）无松动、缺损等现象。

（2）端点位于梳齿板梳齿与踏面相交线前（梯级侧）不小于 50mm，但不大于 150mm 的位置。

4.29　围裙板防夹开关

对于设有围裙板防夹开关的自动扶梯，检查夹入梯级和围裙板之间的异物最迟到达围裙板防夹开关处时，该开关是否能够有效动作，使自动扶梯在该梯级到达梳齿板前自动停止运行。

4.30　梯级、踏板或胶带

（1）梯级、踏板或胶带完好，无破损。

（2）在工作区段内的任何位置，从踏面测得的两个相邻梯级或踏板之间的间隙不大于 6mm。在自动人行道过渡曲线区段，如果踏板的前缘和相邻踏板的后缘啮合，其间隙允许增至 8mm。

4.31 梯级、踏板下陷保护

检查梯级或者踏板因下陷导致不再与梳齿板梳齿啮合时，电气安全装置是否能够使受检设备自动停止运行，并且下陷的梯级或踏板不会到达梳齿板梳齿与踏面相交线；故障锁定功能是否保持有效。

检验时，由施工或维保单位卸除 1 ~ 2 个梯级或者踏板，将缺口检修运行至电气安全装置处，检验人员检查电气安全装置至梳齿板梳齿与踏面相交线的距离是否大于工作制动器的最大制停距离；该装置动作后，是否能够使受检设备停止运行；故障锁定功能是否保持有效。

4.32 梯级、踏板缺失保护

检查由梯级或者踏板缺失而导致的缺口从梳齿板位置出现之前，电气安全装置是否能够使受检设备自动停止运行；故障锁定功能是否保持有效。

检验时，由施工或者维保单位卸除 1 个梯级或者踏板，将缺口运行至返回分支内与回转段下部相接的直线段位置，正常启动受检设备上行和下行，检验人员分别确认缺口到达梳齿板位置之前，电气安全装置是否能够使受检设备自动停止运行，故障锁定功能是否保持有效。

4.33 非操纵逆转保护

检查梯级、踏板或胶带在改变规定运行方向时，非操纵逆转保护装置是否能够使自动扶梯或者倾斜角不小于 6° 的自动人行道自动停止运行；故障锁定功能是否保持有效。

4.34 驱动元件保护

检查直接驱动梯级、踏板或胶带的元件发生断裂或者过分伸长时，受检设备是否能够自动停止运行；故障锁定功能是否保持有效。

4.35 距离伸缩保护

检查驱动装置与转向装置之间的距离发生过分伸长或缩短时，受检设备是否能够自动停止运行。

4.36 运行试验

（1）对于由于使用者的进入而自动启动或加速的受检设备，观察在使用者到达梳齿板梳齿与踏面相交线之前，受检设备是否已经启动和加速，其运行方向标志是否正确并且清晰可见。

（2）对于由于使用者的进入而自动启动的受检设备，观察、测量当使用者从预定运行方向进入时，是否经过足够的时间（至少为预期输送时间再加上 10s）才能自动停止运行；当使用者从预定运行方向相反的方向进入时，是否仍按照预先确定的方向启动，运行时间不少于 10s。

（3）受检设备空载，以正常速度进行两个方向的连续运行，观察其是否运行平稳，无异常碰擦、干涉、松动、抖动和声响。

4.37 扶手带运行速度偏差试验

受检设备空载运行，分别测量、计算两个运行方向的扶手带运行速度相对于梯级、踏板或胶带实际速度的偏差，判断其是否在 0 ~ +2% 的范围内。

4.38 制停距离试验

进行制停距离试验时，制停距离从用于制停的电气装置被触发时开始测量。进行自动扶梯监督检验时，将总制动载荷均匀分布在上部 2/3 的可见梯级上进行下行制停距离试验。进行自动人行道监督检验及受检设备定期检验时，要进行两个方向的空载制停距离试验。要分别测量受检设备的制停距离是否符合表 4-19、表 4-20 的要求。

表 4-19　自动扶梯制停距离

名义速度	制停距离范围
0.50m/s	0.20 ~ 1.00m
0.65m/s	0.30 ~ 1.30m
0.75m/s	0.40 ~ 1.50m

表 4-20　自动人行道制停距离

名义速度	制停距离范围
0.50m/s	0.20 ~ 1.00m
0.65m/s	0.30 ~ 1.30m
0.75m/s	0.40 ~ 1.50m
0.90m/s	0.55 ~ 1.70m

4.39　附加制动器试验

（1）检查在附加制动器动作开始时是否能够强制切断控制电路。

（2）进行自动扶梯监督检验时，将总制动载荷均匀分布在上部 2/3 的可见梯级上进行试验。进行自动人行道监督检验及受检设备定期检验时，要进行空载试验。在工作制动器松开状态下，受检设备下行时触发附加制动器动作，观察附加制动器是否能够使受检设备可靠制停。

（3）如果受检设备设有两个及以上驱动主机，并且采用工作制动器互为附加制动器时，检查每一个制动器是否均符合第 1 项和第 2 项的要求。

5　执行自行检测基本要求

为贯彻落实《市场监管总局关于发布〈电梯监督检验和定期检验规则〉〈电梯自行检测规则〉的公告》（市场监督管理总局公告 2023 年第 14 号）相关要求，做好电梯检验、检测工作，强化责任落实，规范使用管理、维护保养、自行检测和检验工作，不断提升电梯质量安全水平。提升工作效能，优化配置检验、检测资源，发挥自行检测的技术核验作用和检验工作的技术把关作用。加强监督管理，营造守法诚信、公平公正、服务规范的电梯检测环境。坚持电梯检验的公益属性和检测的市场属性，强化电梯检验机构对安全监察工作的技术支撑作用，建立并维护电梯检测市场良好秩序。坚持规范从业，通过执法检查、质量抽查、证后监督检查等措施，加强事中事后监管，强化信用监管和违法惩戒，严肃查处违法违规行为。坚持广泛监督，跟踪评价电梯检验、检测工作，着力提升检验、检测质量和服务水平。自 2024 年

4月2日起，电梯检验机构严格依据《电梯监督检验和定期检验规则》（TSG T7001）进行监督检验和定期检验。

5.1 电梯自行检测适用范围

电梯自行检测适用于纳入《特种设备目录》范围内电梯的自行检测。

电梯的使用单位、维保单位及特种设备检测、检验机构开展电梯自行检测，应当遵守《电梯自行检测规则》（TSG T7008）的规定。

5.2 自行检测的含义

自行检测，是指电梯使用单位为保证本单位所使用、管理电梯的使用安全而自行开展的，或者委托向其提供电梯维护保养服务的单位开展的检测活动。电梯使用单位也可以委托经核准的特种设备检测、检验机构实施自行检测。

5.3 特殊情况

对于采用国务院负责特种设备安全监督管理的部门批准使用的新材料、新技术、新工艺生产的电梯，应当按照相关要求，开展自行检测工作。

5.4 自行检测周期

自2024年4月2日起，定期检验由原来的每年一次，调整为使用年限在15年以内的电梯，在安装监督检验后的第1年、第4年、第7年、第9年、第11年、第13年、第15年各进行一次定期检验；使用年限超过15年的电梯，每年进行一次定期检验。在实施定期检验之外的年份，每年进行一次自行检测。自行检测日期以最近一次监督检验合格日期或定期检验合格日期所在月份为基准确定。

5.5 自行检测主体

电梯自行检测的责任主体为电梯使用单位。电梯使用单位符合自行检测要求的，可以对本单位所使用、管理的电梯开展自行检测；电梯使用单位也可以委托符合要求的、向其提供电梯维护保养服务的单位，或者由经核准的特种设备检测、检验机构实施自行检测。从事自行检测的电梯使用单位或维保单位，应当按照市场监管总局要求为本单位的检测人员办理执业公示手续。

5.6 电梯自行检测属于市场行为

电梯使用单位及其维保单位如不满足要求，应结合本单位情况自主选择符合要求的检测单位，并做好信息化对接工作，市场监管部门会公布在京开展电梯检测的单位名单。

5.7 自行检测实施

自行检测单位应当制定包括检测程序、内容、要求和方法及检测记录格式和填写要求的检测作业指导书，用于指导检测工作，并建立和实施检测工作质量检查和考核制度。严格按照《电梯自行检测规则》(TSG T7008)要求实施检测，出具电梯自行检测备忘录和电梯自行检测报告。

5.8 自行检测人员要求

从事电梯自行检测的人员应当具有电梯检验员及以上资格。

5.9 检测单位要求

(1)使用单位。对本单位使用管理的电梯实施自行检测的使用单位，应当配备与检测工作任务相适应的检测人员、检测仪器设备等，建立和实施检测工作质量检查与考核制度。(实施现场检测的人员中，以及审核检测报告的人员中，应当有与使用单位签订正式聘用合同，并且由使用单位缴纳养老保险的全职人员。)

(2)维保单位。受使用单位委托，对本单位维保的电梯实施自行检测的维保单位，应当设置独立部门开展检测工作，配备与检测工作任务相适应的检测人员、检测仪器设备等，建立和实施检测工作质量检查与考核制度。(实施现场检测的人员中，以及审核检测报告的人员中，应当有与维保单位签订正式聘用合同，并且由维保单位缴纳养老保险的全职人员。)

(3)特种设备检测、检验机构。受使用单位委托实施电梯自行检测的特种设备检测、检验机构，应当持有特种设备检验检测机构核准证，并且核准项目中包括电梯检测，或者电梯定期检验［仅适用于《特种设备检验机构核准规则》（TSG Z7001）所述的甲类特种设备检验机构］。特种设备检验机构不得在同一直辖市或者设区的市同时承担电梯检验任务和电梯检测服务。

5.10　检测仪器设备

检测单位应当配备与本规则要求相适应的仪器设备，并且按照相关规定进行检定或校准。进行现场检测前，检测人员应当确认仪器设备状态良好。

5.11　检测作业指导书

检测单位应当依据《电梯自行检测规则》（TSG T7008），制定包括检测程序、内容、要求和方法、检测记录格式、填写要求在内的检测作业指导书，用于指导具体的检测工作。

5.12　检测信息

检测单位应当按照特种设备安全监督管理部门的要求，及时传递、报告或公示电梯自行检测信息。

5.13　检测档案

检测单位应当及时将自行检测过程中形成的记录、电梯自行检测备忘录、电梯自行检测报告、电梯自行检测符合性声明等存入检测档案。检测档案应当至少保存6年。

5.14　自行检测内容、要求和方法

检测单位应当根据受检电梯的特点（如使用环境、使用频次和时间、故障和事故情况，以及改造、修理、维护保养情况等）、使用状况（如磨损、锈蚀、破损等）、相关法规标准、生产单位的安装使用维护保养说明书及与使用单位的相关约定，确定适用于受检电梯的自行检测内容、要求和方法，但应当不少于《电梯自行检测基本内容、要求和方法》的规定。

5.15　自行检测程序

自行检测程序，包括实施检测、出具检测备忘录、确认整改情况、公示检测及整改情况、出具检测报告、换取特种设备使用标志。

5.16　确认检测条件

检测人员应当确认检测现场是否符合以下要求：

（1）进行整机检测时，供电电压及温度、湿度等环境条件符合相关规定。

（2）相关区域没有与电梯运行无关的物品和设备，进行了必要的封闭和防护，放置表明正在进行检测的警示标志。

5.17　实施检测

（1）一般要求。检测人员应当对适用于受检电梯的检测项目进行技术资料审查、实物检查（含宏观检查、测量、功能验证等）和试验，判定其是否符合相应要求。

进行现场检测时，检测人员应当配备和穿戴必要的防护用品，遵守检测现场明示的、检测单位制定的安全管理和作业规定。

检测人员应当按照规定的记录格式和填写要求，如实、规范地记录检测情况。

（2）检测中止。出现下列情形之一时，检测人员可以中止检测，并且向使用单位说明原因：

1）现场检测条件不能持续满足本书第 5.16 部分的要求。

2）实施检测可能造成危险。

3）进行整机检测时，电梯不能正常运行。

5.18　出具检测备忘录

所有检测项目检测完成后，检测人员应当向使用单位出具电梯自行检测备忘录。

5.19　确认整改情况

使用单位应当对不合规项目及时进行整改,存在较严重不合规的,还应当立即停止使用电梯。整改完成后,使用单位应当及时通知检测单位对整改情况进行确认。检测人员应当通过查看整改见证资料或者现场验证的方式,确认整改情况。

5.20　自行检测信息公示

电梯使用单位应当将电梯自行检测备忘录及整改情况公示在便于电梯使用者阅读的位置,公示期不少于 15 日。

5.21　换领特种设备使用标志

自行检测项目均符合检测规则要求的,电梯使用单位在检测当月凭电梯自行检测符合性声明到最近一次实施检验的检验机构换取特种设备使用标志,并按要求进行张贴。检验机构在收到电梯自行检测符合性声明后 1 个工作日内,对填写内容进行确认,确认无误的,打印发放相应的特种设备使用标志。

电梯使用单位要切实落实自行检测主体责任,明确检测时间,建立检测质量监督制度,稳妥做好自行检测组织实施工作。要对自行检测不合规项目及时进行整改,存在较严重不合规项目的,还应当立即停止使用电梯。组织协调电梯维保单位配合开展自行检测工作,在现场检测与整改中提供支持。